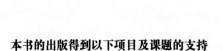

本书的出版得到以下项目及课题的支持

国家国防科技工业局重大专项计划：基于高分数据的主体功能区规划实施效果评价与
辅助决策技术研究(一期)（00-Y30B14-9001-14/16）

国家重点研发计划：生态退化分布与相应生态治理技术需求分析（2016YFC0503701）

国家重点研发计划：全球多时空尺度遥感动态监测与模拟预测（2016YFB0501502）

中国科学院战略性先导科技专项（A类）："三生"空间统筹优化与决策支持（XDA19040300）

■ 主体功能区规划评价丛书

主体功能区规划实施评价与辅助决策

三江源地区

胡云锋　戴昭鑫　张云芝
赵冠华　李海萍　龙　宓　等/著 ············

科学出版社
北京

内 容 简 介

本书采用遥感和地理信息系统方法，结合三江源地区主体功能区规划目标及规划实施评价指标体系设计，采用时空格局变化的分析方法，开展三江源地区主体功能区规划不同时期国土开发、生态结构、生态质量及生态功能变化特征与分阶段区域差异的分析，清晰刻画出不同功能区和不同时间段国土资源、生态环境变化规律及其与主体功能区规划的契合程度，并根据评价结果对未来规划提出决策建议。

本书可供广大地学和空间科学领域从事地理信息系统、城市规划、遥感等研究的科研人员及相关高等院校教师和研究生参考使用。

图书在版编目(CIP)数据

主体功能区规划实施评价与辅助决策. 三江源地区 / 胡云锋等著.
—北京：科学出版社，2018.7
（主体功能区规划评价丛书）
ISBN 978-7-03-057659-0

Ⅰ. ①主⋯ Ⅱ. ①胡⋯ Ⅲ. ①区域规划–研究–青海 Ⅳ. ①TU982.2

中国版本图书馆 CIP 数据核字（2018）第 121761 号

责任编辑：张 菊 / 责任校对：彭 涛
责任印制：张 伟 / 封面设计：无极书装

科 学 出 版 社 出版
北京东黄城根北街 16 号
邮政编码：100717
http://www.sciencep.com

北京虎彩文化传播有限公司 印刷
科学出版社发行 各地新华书店经销

*

2018 年 7 月第 一 版 开本：720×1000 1/16
2019 年 3 月第二次印刷 印张：7 1/4
字数：150 000

定价：88.00 元
（如有印装质量问题，我社负责调换）

丛书编委会

主　编：胡云锋

编　委：明　涛　李海萍　戴昭鑫　张云芝

　　　　赵冠华　董　昱　张千力　龙　宓

　　　　韩月琪　道日娜　胡　杨

总　　序

进入 21 世纪以来，随着中国经济社会的持续、高速发展，中国的区域经济发展、自然资源利用和生态环境保护之间逐渐形成了新的突出矛盾。为有效开发和利用国土资源，实现国家可持续发展目标，中国科学院地理科学与资源研究所樊杰研究员领衔的研究团队开展了全国主体功能区规划研究，相关研究成果直接支持了党中央、国务院有关国家主体功能区规划的编制工作。主体功能区发展战略的提出是我国国土空间开发管理思路和战略的一个重大创新，是对区域协调发展战略的丰富和深化，对中国区划的发展具有重要的现实意义。

2010 年，《全国主体功能区规划》由国务院正式发布。该规划为各省、自治区和直辖市落实地区主体功能规划定位和规划目标提供了基本的理论框架。但要在实践和具体业务中真正落实上述理念和框架，就要求各级政府及其相应的决策支撑部门充分领会《全国主体功能区规划》精神，充分应用包括遥感地理信息系统在内的各项新的空间规划、监测和辅助决策技术，开展时空针对性强的综合监测和评估。2013 年以来，以高分 1 号、高分 2 号、高分 4 号等高空间分辨率和高时间分辨率卫星为代表的中国高分辨率对地观测系统的成功建设，为开展国家级主体功能区规划的快速、准确的监测评估提供了及时、精准的数据基础。

在《全国主体功能区规划》中，京津冀地区总体上属于优化开发区，中原经济区总体上属于重点开发区，三江源地区总体上属于重点生态功能区和禁止开发区。这三个地区是我国东、中、西不同发展阶段、发展水平的经济社会和地理生态单元的典型代表。对这三个典型功能区代表开展高分辨率卫星遥感支持下的经济社会及生态环境综合监测与评估示范研究，不仅可以形成理论和方法论的突破，而且对于这三个地区评估主体功能区规划落实状况具有重要应用意义，对于全国其他地区开展相关监测评价也具有重要的参考价值。

在国家国防科技工业局重大专项计划支持下，胡云锋团队长期聚焦于国家主体功能区监测评估领域的研究，取得了一系列重要成果。在该丛书中，作者以地理学和生态学等基本理论与方法论为基础，以遥感和 GIS 为基本手段，以高分遥感数据为核心，以区域地理、生态、资源、经济和社会数据等为基本支撑，提出了具有功能区类型与地域针对性的高分遥感国家主体功能区规划实施评价的指标体系、专题产品库和模型方法库；作者充分考虑不同主体功能区规划目标、区域特色、数据可得性和业务可行性，在三个典型主体功能区开展了长时间序列指标动态监测和评估研究，并基于分析结果提出了多个尺度、空间针对性强的政策和建议。研究中获得的监测评价技术路线、指标体系、基础数据和产品、监测评估的模型和方法等，不仅为全国其他地区开展主体功能区规划实施的综合监测和评估提供了成功范例，也为未来更加深入和精准地开展空间信息技术支撑下的区域可持续发展研究提供了有益的理论与方法论基础。

当前，中国社会主义建设进入新时代。充分理解和把握新时代中国社会主要矛盾，落实党中央"五位一体"总体布局，支撑新时代下经济社会、自然资源和生态环境的协调与可持续发展，这是我国广大科研人员未来要面对的重大课题。因此，针对国家主体功能区规划实施的动态变化监测、全面系统的评估和快速精准的辅助决策研究还有很远的路要走。衷心祝愿该丛书作者在未来研究工作中取得更丰硕的成果。

中国科学院地理科学与资源研究所
2018 年 5 月 18 日

前　言

三江源地区位于青海省南部，地处青藏高原腹地，是长江、黄河、澜沧江三大河流的发源地，素有"中华水塔"之称。由于三江源地区特殊的地理位置及区域气候、地理和生态特点，该区生态环境状况及其演变态势对我国黄河、长江、澜沧江中下游乃至亚洲东部地区的生态安全和经济社会稳定发展具有重要意义。三江源地区生态系统十分脆弱，在国家主体功能区规划中，三江源地区被规划为重点生态功能区和禁止开发区。在三江源地区开展区域经济社会及生态环境综合监测与评估，是区域生态环境退化治理规划的重要依据，有利于充分认识三江源地区生态环境与社会经济发展中存在的问题。

本书主要以高分辨率遥感（remote sensing，RS）为数据支撑，利用经济地理学、GIS（geographic information system，地理信息系统）空间分析、遥感分析、空间统计等技术方法，以三江源主体功能区区划目标、区域特色等为基础，从国土开发、生态结构、生态质量、生态功能总计 10 个指标参数，对三江源地区主体功能区（2000～2015 年）的经济社会与生态环境变化特征进行了深入对比分析，最后根据评价结果对区域提出了辅助决策建议。

本书共分为 4 个部分、6 章。第一部分包括第 1 章、第 2 章，是对研究区概况及评价指标与模型的介绍；第二部分包括第 3 章、第 4 章，是对主体功能区规划监测基础数据获取与主体功能区规划实施评价指标的深入分析；第三部分包括第 5 章，是对研究区规划实施辅助决策的深入分析；第四部分就全书内容进行了提要总结，形成了第 6 章。

本书内容是由国家国防科技工业局重大专项计划"基于高分数据的主体功能区规划实施效果评价与辅助决策技术研究（一期）"（00-Y30B14-9001-14/16）科研项目长期支持形成的结果。具体工作由中国科学院地理科学与资源研究所相关科研人员完成。

　　研究过程中，得到了国家发展和改革委员会宏观经济研究院、中国科学院地理科学与资源研究所、国家发展和改革委员会信息中心、中国科学院遥感与数字地球研究所等单位，以及曾澜、刘纪远、樊杰、周艺、王世新、李浩川、孟祥辉、吴发云等专家的指导和帮助，在此表示衷心的感谢！本书编写过程中，参考了大量有关科研人员的文献，在书后对主要观点结论均进行了引用标注，谨对前人及其工作表示诚挚的谢意！引用中如有疏漏之处，还请来信指出，以备未来修订。读者若对相关研究结果及具体图件感兴趣，欢迎与我们讨论。

　　限于作者的学术水平和实践认识，书中难免存在不足或疏漏之处，殷切希望同行专家和读者批评指正。

作　者

2018 年 1 月

目　　录

总序

前言

第1章　三江源地区概况 ·· 1

　1.1　区域发展概况 ··· 1

　1.2　主体功能规划定位 ··· 2

第2章　指标和方法 ·· 3

　2.1　评价指标 ··· 3

　2.2　指标算法 ··· 5

第3章　产品和精度 ··· 17

　3.1　LULC产品 ·· 17

　3.2　植被绿度产品 ·· 23

　3.3　载畜压力产品 ·· 27

　3.4　水源涵养产品 ·· 28

　3.5　防风固沙产品 ·· 31

　3.6　水土保持产品 ·· 33

第4章　规划实施评价 ··· 36

　4.1　国土开发 ·· 36

　4.2　生态结构 ·· 46

　4.3　生态质量 ·· 55

　4.4　生态服务功能 ·· 72

第5章　规划辅助决策 ··· 89

　5.1　生态治理重点区县遴选 ····································· 89

5.2 生态治理重点网格遴选 ·· 93

第6章 总结 ··· 95

6.1 国土开发方面 ··· 95

6.2 生态结构方面 ··· 96

6.3 生态质量方面 ··· 96

6.4 生态服务功能方面 ··· 97

6.5 辅助决策结果 ··· 98

参考文献 ··· 99

第1章　三江源地区概况

三江源地区是全国主体功能区规划确定的重点生态功能区和禁止开发区。在三江源地区内部，根据区域自然地理和生态环境特点，进一步分析地区主要生态问题和生态定位，可以形成主要基于县、市一级（部分到乡、镇一级）的三江源主体功能区规划方案。

1.1　区域发展概况

三江源地区位于青海省南部，地处青藏高原腹地，是长江、黄河、澜沧江三大河流的发源地，素有"中华水塔"之称[1,2]。三江源地区行政区域包括玉树藏族自治州（简称玉树州）、果洛藏族自治州（简称果洛州）、黄南藏族自治州（简称黄南州）、海南藏族自治州（简称海南州）4个藏族自治州的16个县［泽库县、河南蒙古族自治县（简称河南县）、同德县、兴海县、玛沁县、班玛县、甘德县、达日县、久治县、玛多县、玉树县、杂多县、称多县、治多县、囊谦县、曲麻莱县］和1个乡镇（格尔木市唐古拉山镇）。三江源地区总面积约为36.3万km²，约占青海省总面积的40%。现有总人口为55.4万人，其中藏族人口占90%以上，其他还有汉族、回族、撒拉族、蒙古族等民族。

三江源地区自然条件严酷，生态系统群落结构简单，系统内物质循环、能量流动缓慢，抗干扰和自我恢复能力低下，是全球生态环境最为敏感和脆弱的地区之一[3-5]。近年来，受全球气候变暖及日趋频繁的人类经济活动的共同影响，三江源地区生态系统持续退化，生态系统结构和功能受到严重干扰，已对我国黄河、长江、澜沧江中下游乃至亚洲东部地区的生态安全构成威胁[6]。

目前，三江源地区最主要的生态环境问题包括草场退化与沙化加剧、水土流失日趋严重[7]、草原鼠害猖獗[8]、源头产水量减少、生物多样性急剧萎缩[9]5类问题。

1.2 主体功能规划定位

三江源地区生态系统十分脆弱，在国家主体功能区规划中，三江源地区被规划为重点生态功能区和禁止开发区，其规划目标定位为保护地区自然生态系统，强调对资源环境的保护，注重环境，能有效遏制传统农林牧业对资源环境的掠夺式开发，提供可持续增长的机会[10]。

在全国主体功能区规划中，对全国各个大的区域的主体功能进行了规划定位；根据国务院要求，各省（自治区、直辖市）在《全国主体功能区规划》基础上，根据统一的技术规范，对本行政区内的县（市、区）等进行了主体功能定位。根据中国主体功能区划方案（V1.0 版本）、国家发展和改革委员会编制的三卷本《全国及各地区主体功能区规划》，结合中国县级行政区划地图、中国乡镇区划地图等资料，可以最终确定三江源地区各州（县、市）主体功能[11]。具体见表 1-1。

表 1-1 三江源地区各类主体功能区范围

序号	区域	总面积（km²）	省份	面积占比（%）	地区、地级市	县、市（乡）
1	国家级重点生态功能区、禁止开发区	357 253.5	青海省	3.7	黄南州	泽库县、河南县
				4.7	海南州	同德县、兴海县
				20.8	果洛州	玛沁县、班玛县、甘德县、达日县、久治县、玛多县
				57.4	玉树州	玉树县、杂多县、称多县、治多县、囊谦县、曲麻莱县
				13.4	海西州	唐古拉山镇（格尔木市）

注：海西州为海西蒙古族藏族自治州的简称。

三江源地区包含国家级重点生态功能区和禁止开发区两种主体功能类型。

第 2 章　指标和方法

2.1　评价指标

根据《全国主体功能区规划》，在三江源地区重点生态功能区和禁止开发区内，规划实施的重点是要改善区域生态结构、提升生态服务功能[12-14]。根据主体功能区规划核心目标，选择对应三江源地区 5 类主要生态环境问题，再兼顾数据支撑情况，本书重点评估生态系统国土开发强度、草地变化、生态系统宏观结构及布局、生态服务功能等要素。主要评价以下 4 个问题。

1）国土开发是否得到控制？

2）生态结构是否得到优化？

3）生态质量是否得到改善？

4）生态服务功能是否得到提升？

根据上述 4 个问题，依据卫星遥感技术特点及数据支撑情况，特别是考虑到现有可提供数据下载的 GF-1、GF-2 卫星，以及将发射或者已发射但尚未提供数据下载的 GF-3 ~ GF-6 等卫星的遥感荷载特点和能力，本书拟通过以下 10 个指标予以定量评价（表 2-1 和表 2-2）。

表 2-1　主体功能区规划实施评价问题、指标和范围

序号	评价问题	评价指标	评价范围
1	国土开发是否得到控制？	国土开发强度 国土开发聚集度	全区
2	生态结构是否得到优化？	优良生态系统 草地生态系统	全区

序号	评价问题	评价指标	评价范围
3	生态质量是否得到改善？	植被绿度［归一化指被指数（normalized differential vegetation index，NDVI）］ 载畜压力指数 人类扰动指数	全区
4	生态服务功能是否得到提升？	水源涵养功能 水土保持能力[15] 防风固沙功能	全区

表 2-2　三江源地区重点生态功能区主体功能区规划实施指标及 GF 产品和 GF 替代产品

序号	评价指标	应用产品
1	国土开发强度	• 高分 LULC（land use and land cover）产品，2015 年 • 基于 TM、ETM+、HJ 的 LULC 产品，2010 年 • 基于 TM、ETM+、HJ 的 LULC 产品，2005 年
2	国土开发聚集度	• 高分 LULC 产品，2015 年 • 基于 TM、ETM+、HJ 的 LULC 产品，2010 年 • 基于 TM、ETM+、HJ 的 LULC 产品，2005 年
3	优良生态系统	• 高分 LULC 产品，2015 年 • 基于 TM、ETM+、HJ 的 LULC 产品，2010 年 • 基于 TM、ETM+、HJ 的 LULC 产品，2005 年 • 重点生态功能区边界
4	草地生态系统	• 高分 LULC 产品，2015 年 • 基于 TM、ETM+、HJ 的 LULC 产品，2010 年 • 基于 TM、ETM+、HJ 的 LULC 产品，2005 年
5	植被绿度	• GF-4 替代数据（MODIS），2005～2015 年 • 重点生态功能区边界
6	载畜压力指数	• 高分 LULC 产品，2015 年 • 基于 TM、ETM+、HJ 的 LULC 产品，2010 年 • 基于 TM、ETM+、HJ 的 LULC 产品，2005 年 • 统计数据

序号	评价指标	应用产品
7	人类扰动指数	• 高分 LULC 产品，2015 年 • 基于 TM、ETM+、HJ 的 LULC 产品，2010 年 • 基于 TM、ETM+、HJ 的 LULC 产品，2005 年 • 重点生态功能区边界
8	水源涵养功能	• GF-4 替代数据（MODIS），2005～2014 年 • 基础地理数据 • 气象站点数据，2005～2014 年 • 土壤数据，2000 年
9	水土保持能力	• GF-4 替代数据（MODIS），2005～2014 年 • 基础地理数据 • 气象站点数据，2005～2014 年 • 土壤数据，2000 年
10	防风固沙功能	• GF-4 替代数据（MODIS），2005～2014 年 • 基础地理数据 • 气象站点数据，2005～2014 年 • 土壤数据，2000 年

注：LULC 指土地利用与土地覆被类型。

2.2　指 标 算 法

（1）国土开发强度

国土开发强度，是指一个区域内城镇、农村、工矿水利和交通道路等各类建设空间占该区域国土总面积的比例[16]。国土开发强度是监测评价主体功能区规划实施成效的最基础、最核心的指标[17]。

在中国科学院 1∶10 万 LULC 产品支持下，国土开发强度计算公式如下：

$$LDI = \frac{UR+RU+OT}{TO}$$

式中，LDI（land development intensity）为国土开发强度；UR（urban resident land area）为城镇居住用地面积；RU（rural resident land area）为农村居住用地

面积；OT（other resident land area）为其他建设用地面积；TO（total land area）为区域总面积。这里的"区域"，可以是不同大小的行政区域，如县域单元、地级市单元或者省域单元；也可以是不同尺度上的栅格单元，如 1km、5km 和 10km 网格单元。

根据上述定义，国土开发强度指标既可以方便地以栅格数据展示，并参与空间运算，同时也可以非常实用地以行政区专题统计图的形式出现，供政府决策部门使用。

（2）国土开发聚集度

国土开发聚集度，是衡量城乡建设用地空间聚块、连片程度的指标。较高的国土开发聚集度，指示了本地区国土开发空间的高度集中、各区块独立性强的特点；较低的国土开发聚集度，指示了本地区国土开发比较分散，建设地块在空间上不连续，建设地块之间存在较大空当。

在传统的经济学、经济地理学中，关于聚集度的测度有多种算法，如首位度、区位商、赫芬达尔-赫希曼指数、空间基尼系数、EG（Elilsion and Glaesev）指数等。但是这些指标算法都是基于统计数据而来的，难以空间化展示和分析。为此，本书在 GIS 技术支持下，开发了空间化的国土开发聚集度指标算法模型[18]。

公里网格建设用地面积占比指数（JSZS）：首先计算公里网格上的建设用地比重，而后应用如下的卷积模板对空间栅格数据进行卷积运算，由此计算得到公里网格建设用地面积占比指数。

$$JSZS = JSZB \cdot W$$

$$W = \begin{vmatrix} 0.25 & 0.5 & 0.25 \\ 0.5 & 1 & 0.5 \\ 0.25 & 0.5 & 0.25 \end{vmatrix}$$

式中，JSZS 为 3×3 网格中心格点的公里网格建设用地面积占比指数；JSZB 为格点建设用地面积占比。

地域单元国土开发聚集度（JJD）：首先计算公里网格上的建设用地面积占比，而后应用如下公式计算目标地域单元国土开发聚集度：

$$JJD_{i,j} = SDCL \times 0.4 + CLTP \times 0.6$$

式中，$JJD_{i,j}$ 为地域单元国土开发聚集度；SDCL 为网格 i，j 及八邻域内网格建成区面积不为 0 的网格内建成区面积的标准差；CLTP 为建成区面积为 0 的网格数与总网格数的比值。

上述 2 个反映国土开发聚集度的指数各有其优势的适用场合：公里网格建设用地面积占比指数可以方便地以栅格数据展示，并参与空间运算；地域单元国土开发聚集度则有利于使用基于行政区的专题统计图形式呈现，供政府决策部门使用。

（3）优良生态系统

优良生态系统，是指有利于生态系统结构保持稳定，有利于生态系统发挥水源涵养、水土保持、防风固沙、水热调节等重要生态服务功能的自然生态系统类型。

本书中，具体是指各类自然林地、高覆盖度草地、中覆盖度草地、各种水体和湿地等优良生态系统土地覆被类型的总面积。

优良生态系统面积的计算公式为

$$YLArea = Area（DL_{21} + DL_{22} + DL_{31} + DL_{32} + DL_{42} + DL_{43} + DL_{46} + DL_{64}）$$

式中，YLArea 为优良生态系统类型总面积；Area 为各优良生态系统类型的面积；DL_{21}、DL_{22}、DL_{31}、DL_{32}、DL_{42}、DL_{43}、DL_{46}、DL_{64} 分别为表 2-3 中各地类。

表 2-3　优良生态系统土地覆被类型

代码	名称	含义
21	有林地	指郁闭度>30%的天然林和人工林，包括用材林、经济林、防护林等成片林地
22	灌木林	指郁闭度>40%、高度在 2m 以下的矮林地和灌丛林地
31	高覆盖度草地	指覆盖度>50%的天然草地、改良草地和割草地，此类草地一般水分条件较好，草被生长茂密
32	中覆盖度草地	指覆盖度为 20%～50%的天然草地和改良草地，此类草地一般水分不足，草被较稀疏
42	湖泊	指天然形成的积水区常年水位以下的土地
43	水库坑塘	指人工修建的蓄水区常年水位以下的土地
46	滩地	指河、湖水域平水期水位与洪水期水位之间的土地

代码	名称	含义
64	沼泽地	指地势平坦低洼、排水不畅、长期潮湿、季节性积水或常年积水、表层生长湿生植物的土地

考虑到研究区面积不等，除了使用优良生态系统的绝对面积，使用优良生态系统面积占比来评价区域生态环境总体质量是一个更加重要、客观的指标。公式如下：

$$YLZS = \frac{YLArea}{Area}$$

式中，YLZS 为优良生态系统指数；YLArea 为优良生态系统区域面积；Area 为区域总面积。

（4）草地生态系统

草地，是指生长草本和灌木植物为主并适宜发展畜牧业生产的土地。草地生态系统具有防风、固沙、保土、调节气候、净化空气、涵养水源等生态功能。草地生态系统是自然生态系统的重要组成部分，对维系生态平衡、地区经济、人文历史具有重要地理价值[19, 20]。

在中国科学院土地利用与土地覆被分类系统中，草地可以分为高覆盖度草地、中覆盖度草地及低覆盖度草地 3 种类型。草地面积计算公式如下：

$$GA = GA1 + GA2 + GA3$$

式中，GA（grassland area）为草地总面积；GA1（grassland area1）为高覆盖度草地面积；GA2（grassland area2）为中覆盖度草地面积；GA3（grassland area3）为低覆盖度草地面积。

在本书中，以 2005 年 TM、2010 年 TM/ETM+ 及 2015 年 GF-1 影像数据作为数据源，开展人工目视辅助计算机遥感解译判读，从而得到"三江源地区土地利用与土地覆被"数据；对三江源地区土地利用与土地覆被数据进行专题要素提取，具体提取代码为 31、32 和 33 的 3 种土地利用类型，由此得到草地类型的空间分布；在此基础上，求得一定区域内的草地面积之和。

在县域尺度上，可以对草地面积进行县域上的统计汇总，由此对各州（县、市）的草地分布进行监测、评价，并在此基础上开展针对性调控；本研究对草地面积的监测评价,是从公里网格尺度、县域尺度在三江源地区重点生态功能区区域开展的。在公里网格尺度上,可以详细刻画土地利用与土地覆被类型、草地土地类型等具体指标的空间展布格局。

(5) 植被绿度

植被绿度,即归一化植被指数(NDVI),是衡量陆地植被生长状况的基本指标。

NDVI 的计算公式如下:

$$NDVI = \frac{NIR - R}{NIR + R}$$

式中,NIR 为近红外波段;R 为红波段。

由于 NDVI 受植被类型、降水影响,对于区域植被绿度的评价,不能简单以少数几个年份的 NDVI 绝对值做对比,而必须以长时间序列上的 NDVI 年内最大值为基本表征,进行时间序列的趋势变化分析。年最大 NDVI(M_{NDVI})获取公式如下:

$$M_{NDVI} = \max\ (NDVI_1,\ NDVI_2,\ NDVI_3,\ \cdots)$$

为衡量区域植被生态系统的变化状况,采用了 NDVI 年变化倾向作为表征,具体采用了基于最小二乘法拟合得到的线性回归方程计算得到变化斜率。具体拟合公式为

$$Y = K \times X + b$$

式中,K 为 NDVI 的变化斜率,b 为截距。

(6) 载畜压力指数

利用载畜压力指数可以分析和评价草地放牧对生态系统植被生产力的影响及草畜矛盾特征[21, 22]。

草地载畜压力指数公式如下:

$$I_p = \frac{C_s}{C_l}$$

式中,I_p 为草地载畜压力指数;C_s 为草地现实载畜量;C_l 为草地理论载畜量。如果 $I_p = 1$,表明草地载畜量适宜;如果 $I_p > 1$,表明草地载畜量超载;如果 $I_p < 1$,则表明草地尚有载畜潜力。其中,C_s 计算方法如下:

$$C_s = \frac{C_n + C_h}{A_r}$$

式中，C_s 为草地现实载畜量，即单位面积草地实际承载的羊单位数量（标准羊单位/hm^2）；C_n 为年末家畜存栏数；C_h 为家畜存栏数，按羊单位计算，大牲畜按 4.5 个羊单位计；A_r 为草地面积（hm^2）。

C_l 计算方法如下：

$$C_l = \frac{Y_m \times U_t \times C_o \times H_a}{S_f \times D_f \times G_t}$$

式中，C_l 为草地理论载畜量，即单位面积草地适宜承载的羊单位（标准羊单位/hm^2）；Y_m 为单位面积草地的产草量（kg/hm^2）；U_t 为牧草利用率；C_o 为草地可利用率；H_a 为草地可食牧草比率；S_f 为一个羊单位家畜的日食量；D_f 为牧草干鲜比；G_t 为放牧时间。根据文献研究，确定 $U_t = 70\%$；$C_o = 92\%$；$H_a = 80\%$；$S_f = 4kg$鲜草；$D_f = 1:3$；$G_t = 365$。

$$Y_m = \frac{NPP}{(1 + ratio\_AB) \times ratio\_C}$$

式中，Y_m 为产草量；NPP 为净初级生产力；ratio_ AB 为地上地下生物量比；ratio_ C 为碳含量比例；ratio_ AB = 8，ratio_ C = 0.4。

生态系统服务压力指数（载畜压力指数）的未来情景预测涉及 2 个参数，理论载畜量和现实载畜量。一般情况下，可以假设理论载畜量不变，而仅对现实载畜量进行预测。具体方法在（3.3 节）中具体描述。

（7）人类扰动指数

在禁止开发区和重点生态功能区，对生态系统的原真性维护是主体功能区规划的重要目标之一。在这些地区，要求有较低的人类扰动。然而从卫星遥感角度，直接检测人类活动存在极大困难，但是可以从土地利用与土地覆被类型的角度，对人类扰动能力和强度予以评价。

从土地利用与土地覆被研究角度看，人类对各种类型土地的利用程度不同[23]。对于未利用或难利用生态系统，人类的干扰程度较低；对于农田生态系统、城乡聚落生态系统，人类的干扰程度很高。区域上人类扰动的强度就是上述各种土地类型的综合表现[24]。

因此，首先根据不同的土地利用与土地覆被类型，对其人类扰动能力予以赋值（表2-4）。

表2-4　生态系统人类扰动指数分级表

类型	自然未利用	自然再生利用	自然非再生利用	人为非再生利用
生态系统类型（代码）	盐碱地（63）、沼泽地（64）	林地、草地、水域（不包括冰雪44）	水田（11）、旱地（12）	城镇（51）、居民点（52）、其他建设用地（53）等类型
扰动分级指数	0	1	2	3

对于某一区域来说，往往有多种扰动级别指数的生态系统类型存在，各自占有不同比例，不同扰动类型按其面积权重（所占比例）做出自己的贡献。因此，通过加权求和，可以形成一个0～1分布的生态系统综合人类扰动指数，计算方法如下：

$$D = (\sum_{i=0}^{3} A_i \times P_i)/3/\sum_{i=1}^{n} P_i$$

式中，A_i 为第 i 级生态系统综合人类扰动指数；P_i 为第 i 级生态系统人类扰动程度分级面积所占百分比；D 为生态系统综合人类扰动指数，范围为0～1。

（8）水源涵养功能

水源涵养服务评估虽然已有基本的理论和方法，但由于不同学者对于水源涵养服务的内涵理解不同，采用的核算方法多种多样（土壤蓄水能力法、降水储存量法与水量平衡法等），评估结果差异较大[25-30]。本书采用降水储存量法表现该地区水源涵养能力。

水源涵养能力通过生态蓄水能力 Q 体现，即与裸地相比，各类生态系统涵养水分的增加量。生态蓄水能力 Q 值越高，表明生态系统可调蓄容量越大，生态系统水源涵养能力越强。

采用降水储存量法，即用森林生态系统的蓄水效应来衡量其涵养水分的功能。

$$Q = A \times J \times R$$
$$J = J_0 \times K$$
$$R = R_0 - R_g$$

式中，Q 为与裸地相比较，森林、草地、湿地、耕地、荒漠等生态系统涵养水分的增加量（m^3）；A 为生态系统面积（hm^2）；J 为计算区多年平均产流降雨量（$P>20mm$）（mm）；J_0 为计算区多年平均降雨总量（mm）；K 为计算区产流降雨量占降雨总量的比例以秦岭—淮河一线为界限将全国划分为北方区和南方区，北方区降雨较少，降雨主要集中于 6~9 月，甚至一年的降雨量主要集中在一两次降雨中。南方区降雨次数多、强度大，主要集中于 4~9 月。因此，建议北方区 K 取 0.4，南方区 K 取 0.6。本研究区为三江源地区，年均降水量低于 400mm，属于半干旱区，拟 K 取 0.4。R 为与裸地（或皆伐迹地）比较，生态系统减少径流的效益系数。根据已有的实测和研究成果，结合各种生态系统的分布、植被绿度、土壤、地形特征及对应裸地的相关数据，可确定全国主要生态系统类型的 R 值，本书中主要使用森林生态系统的 R 值。其他草地、灌木林、沼泽等生态系统的 R 值有待于进一步确定。而冰川、湖泊、河流、水库等湿地生态系统水源涵养量为系统平均储水（蓄水）量。R_0 为产流降雨条件下裸地降雨径流率；R_g 为产流降雨条件下生态系统降雨径流率。

（9）水土保持能力

土壤保持功能（水土保持能力）主要通过侵蚀模数来表现。

用土壤侵蚀模数法进行评价，根据降水、坡度坡长、植被、土壤和土地管理等因素评价生态系统土壤保持功能的强弱。

采用通用水土流失方程 USLE（universal soil loss equation）进行评价，包括自然因子和人为管理措施因子 2 类。在具体计算的时候，需要利用已有实测的土壤保持数据对模型模拟结果进行验证，并且修正参数[31, 32]。

$$USLE_x = R_x \cdot K_x \cdot LS_x \cdot C_x \cdot P_x$$

式中，$USLE_x$ 为栅格 x 的土壤侵蚀量；R_x 为降水侵蚀力；K_x 为土壤可蚀性；LS_x 为坡长坡度因子；C_x 为植被覆盖因子；P_x 为人为管理措施因子。

根据泥沙输移路径，每一栅格将持留部分泥沙，$SEDR_x$ 为栅格 x 土壤持留量；SE_x 为栅格 x 的持留效率；$USLE_y$ 为上坡栅格 y 产生的泥沙量；SE_z 为上坡栅格的泥沙持留量。

$$SEDR_x = SE_x \sum_{y=1}^{x-1} USLE_y \prod_{z=y+1}^{x-1} (1 - SE_z)$$

潜在土壤保持量可以通过下述公式估计：

$$SEDRET_x = R_x \times K_x \times LS_x \times (1 - C_x \times P_x) + SEDR_x$$

1）土地覆被类型：来源于遥感解译或其他。

2）降水侵蚀力：来源于 Fouriner 指数。

计算及获取方法：

$$R = 4.17 \times \sum_{i=1}^{12} \frac{j_i^2}{J} - 152$$

式中，j 为月降水；J 为年降水；i 为月份。

3）土壤可蚀性因子：来源于土壤类型模型或文献。

计算及获取方法：

$$K = \frac{2.1 \times 10^{-4} \times (12-O) \times M^{1.14} + 3.25 \times (S-2) + 2.5 \times (P_j-3)}{100} \times 0.1317$$

式中，K 为土壤可蚀性因子；O 为有机质含量百分比；M 为土壤颗粒级配参数；S 为土壤结构等级；P_j 为渗透等级。

4）植被覆盖因子（C）：来源于文献或专家咨询。

5）人为管理措施因子（P）：来源于文献或专家咨询（表2-5）。

表 2-5　局部区域 C、P 值

项目	森林	灌丛	园地	水田	旱地	水域	城市及建筑用地	裸地	草地
C	0.005	0.099	0.18	0.18	0.228	0	0	1	0.112
P	1	1	0.69	0.15	0.352	0	0.01	1	1

6）地被物阻挡泥沙效率（即土壤持留量 $SEDR_x$）：来源于文献或专家咨询（天然植被最大可认为 100%）。

7）坡长坡度因子：通过下述模型从 DEM 中提取。

计算及获取方法如下。

坡度因子 S：

$S = 10.8 \sin\theta + 0.03$，$\theta < 5°$；$S = 16.8 \sin\theta - 0.5$，$5° \leqslant \theta < 10°$；$S = 21.91 \sin\theta - 0.96$，$\theta \geqslant 10°$；其中，$\theta$ 为坡度（°）。

坡长因子 L：

$$L = \left(\frac{\lambda}{72.1} \right)^m$$

式中，λ 为坡长。其中 $m = 0.2$，$\theta \leq 1\%$；$m = 0.3$，$1\% < \theta \leq 3\%$；$m = 0.4$，$3\% < \theta \leq 5\%$；$m = 0.5$，$\theta \geq 5\%$；θ 为坡度百分比。

（10）防风固沙功能

在充分考虑气候条件、植被覆盖状况、土壤可蚀性、土壤结皮、地表土壤的粗糙度等要素情况下，采用修正风蚀方程模型（RWEQ，revised wind erosion equation model）评估潜在风蚀量。

潜在土壤风蚀量 SL 的计算公式如下：

$$SL = \frac{2z}{s^2} Q_{max} e^{-\left(\frac{z}{s}\right)^2}$$

$$Q_{max} = 109.8 \ (WF \times EF \times SCF \times K' \times COG)$$

$$Q_x = Q_{max} \left[1 - e^{\left(\frac{x}{s}\right)^2} \right]$$

把关键地块长度 s 与风、土壤因子和作物参量之间的关系进行回归分析，得出方程：

$$s = 150.71 \ (WF \times EF \times SCF \times K' \times COG)^{-0.3711}$$

式中，Q_x 为地块长度 x 处的沙通量（kg/m）；Q_{max} 为风力的最大输沙能力（kg/m）；s 为关键地块长度（m）；z 为所计算的下风向距离；WF 为气象因子；EF 为土壤可蚀性因子；SCF 为土壤结皮因子；K' 为土壤糙度因子；COG 为植被因子，包括平铺、直立作物残留物和植被冠层。

1）气象因子。

$$WF = WE \times \frac{\rho}{g} \times SW \times SD$$

$$WE = u_2 \times (u_2 - u_1) \times N_d$$

$$SW = \frac{ET_p - (R+I) \times (R_d / N_d)}{ET_p}$$

式中，WF 为气象因子；WE 为风场强度因子；ρ 为空气密度（kg/m³）；g 为重力加速度（m/s²）；SW 为土壤湿度因子；SD 为雪盖因子（无积雪覆盖天数/研究总天数，定义雪盖深度 <25.4mm 为无积雪覆盖）；u_2 为监测风速（m/s）；u_1 为起沙风速（m/s）；N_d 为计算周期天数；R 为平均降水量；I 为灌溉量（本书取0）；

R_d 为降雨次数和（或）灌溉天数；ET_p 为潜在蒸发量，采用辐射估算法计算。

$$ET_p = 0.7 \times \frac{\Delta}{\Delta+\gamma} \times \frac{R_s}{\lambda}$$

$$\gamma = \frac{1.103 \times 10^{-3} \times P}{0.622\lambda}$$

$$\lambda = 2.501 - 0.002\,361T$$

$$P = 101 \times \left(\frac{293 - 0.0065h}{293}\right)^{5.26}$$

$$\Delta = \frac{4096 \times \left[0.6108 \times \exp\left(\frac{17.27T}{T+273.3}\right)\right]}{(T+273.3)^2}$$

式中，R_s 为太阳辐射 ［MJ/（m²·d）］；Δ 为饱和水汽压与气温曲线的斜率（kPa/℃）；γ 为干湿表常数；λ 为蒸发的潜热系数；P 为大气压（kPa）；T 为平均气温（℃）；h 为海拔（m）。

2）土壤可蚀性因子。

$$EF = \left[29.09 + 0.31sa + 0.17si + 0.33\left(\frac{sa}{cl}\right) - 2.59OM - 0.95C\right]/100$$

式中，EF 为土壤可蚀性因子；sa 为土壤粗砂含量；si 为土壤粉砂含量；cl 为土壤黏粒含量；OM 为有机质含量；C 为土壤中 $CaCO_3$ 含量。

3）土壤结皮因子。

$$SCF = 1 / (1 + 0.0066cl^2 + 0.021OM^2)$$

式中，SCF 为土壤结皮因子；cl 为土壤黏粒含量；OM 为有机质含量。本书中土壤黏粒含量、有机质含量等土壤数据来源于寒区旱区科学数据中心（http：//westdc. westgis. ac. cn）提供的 1∶100 万土壤图及所附的土壤属性表。

4）土壤糙度因子。

$$K' = \cos\alpha$$

式中，α 为地形坡度。

5）植被覆盖因子。

由植被覆盖度计算而成的植被覆盖因子，用来确定枯萎植被和生长植被对土壤风蚀的影响。本书采用照片来估算枯萎植被的覆盖度。用于计算植被覆盖度的遥感数据来源于美国国家航空航天局（National Aeronautics and Space

Administration，NASA）的 EOS/MODIS 数据，以及 AVHRR（advanced very high resolution radiom eter，甚高分辨率扫描辐射计）的数据。由于 NOAA、AVHRR 和 MODIS 数据由不同的卫星传感器观测得到，为了保证 AVHRR NDVI 和 MODIS NDVI 数据具有一致、可比性，本书采用线性回归的方法，对 2000 年的 AVHRR NDVI 数据进行了校正，并对数据进行格式转换、重投影、图像的空间拼接、重采样和滤波处理。用最大合成法（maximum value composite，MVC）得到半月 NDVI 数据，并用像元二分法求取长时间序列的半月植被覆盖度值。

防风固沙功能量计算如下。

当风经过地表时，会受到来自植被的阻挡，使风力削弱、风蚀量降低，由植被作用引起的风蚀减小量定义为防风固沙功能量，由裸土条件下的潜在土壤风蚀量与地表覆盖植被条件下的现实土壤风蚀量的差值表示。

$$SL_{sv} = SL_s - SL_v$$

式中，SL_{sv} 为防风固沙功能量；SL_s 为裸土条件下的潜在土壤风蚀量；SL_v 为植被覆盖条件下的现实土壤风蚀量。

第3章　产品和精度

3.1　LULC 产品

3.1.1　概述

LULC 产品是卫星遥感应用研究最基础、最核心的产品。

在本书设计的十大指标中，有 8 个指标（即国土开发强度、国土开发聚集度、草地生态系统、优良生态系统、人类扰动指数、水源涵养功能等），均使用了 LULC 产品。

本书中 2005 年、2010 年的 LULC 产品是基于 TM、ETM+等影像数据，应用人工目视判读辅助计算机解译得到，2015 年的 LULC 产品则是基于 GF-1 WFV（wide field of view，多光谱宽覆盖）影像，应用人工目视判读辅助计算机解译得到。3 个时段的 LULC 产品的研制技术过程完全相同[33-37]。因此，3.1.2 节、3.1.3 节与 3.1.4 节即以 2015 年 LULC 产品的研制过程为例，说明 LULC 产品研制关键环节。

3.1.2　影像数据

研究区为三江源地区，包括 16 个县和 1 个乡，面积约为 36.3 万 km²。

研究使用数据包括以下内容。

1）2015 年 GF-1 数据（39 景）。

2）2013 年 LULC 矢量数据。

3）Google Earth 影像数据。

4）ArcGIS 在线遥感影像。

LULC 解译所使用的卫星影像为 2015 年夏季（均为 7～8 月）GF-1 16 m 分辨率的 WFV 相机数据。GF-1WFV 相机具体参数及影像数据见表 3-1。

表 3-1 GF-1 WFV 相机参数

有效载荷	波段号	光谱范围（nm）	空间分辨率（m）	宽幅（km）	测摆能力（°）
WFV 相机	1	450～520	16	800	±32
	2	520～590			
	3	630～690			
	4	770～890			

表 3-2 显示了所用到的高分数据影像。

表 3-2 三江源地区 LULC 解译使用的具体卫星影像

代码	获取日期	数据标识
1	2015 年 7 月 28 日	GF1_ WFV1_ E100. 2_ N34. 6_ 20150728_ L1A0000948049
2	2015 年 8 月 01 日	GF1_ WFV1_ E100. 5_ N33. 0_ 20150801_ L1A0000957078
3	2015 年 7 月 05 日	GF1_ WFV1_ E90. 3_ N33. 0_ 20150705_ L1A0000900439
4	2015 年 7 月 05 日	GF1_ WFV1_ E90. 7_ N34. 6_ 20150705_ L1A0000900438
5	2015 年 7 月 05 日	GF1_ WFV1_ E91. 1_ N36. 3_ 20150705_ L1A0000900437
6	2015 年 7 月 21 日	GF1_ WFV1_ E92. 7_ N33. 0_ 20150721_ L1A0000931969
7	2015 年 7 月 29 日	GF1_ WFV1_ E93. 9_ N33. 0_ 20150729_ L1A0000949508
8	2015 年 8 月 14 日	GF1_ WFV1_ E96. 3_ N33. 0_ 20150814_ L1A0000987078
9	2015 年 8 月 14 日	GF1_ WFV1_ E96. 7_ N34. 7_ 20150814_ L1A0000987077
10	2015 年 8 月 01 日	GF1_ WFV2_ E102. 5_ N32. 6_ 20150801_ L1A0000957087
11	2015 年 7 月 28 日	GF1_ WFV2_ E102. 8_ N36. 0_ 20150728_ L1A0000948053
12	2015 年 7 月 09 日	GF1_ WFV2_ E91. 8_ N34. 3_ 20150709_ L1A0000908250
13	2015 年 8 月 23 日	GF1_ WFV2_ E94. 4_ N36. 0_ 20150823_ L1A0000993698
14	2015 年 8 月 27 日	GF1_ WFV2_ E94. 6_ N34. 3_ 20150827_ L1A0001002775
15	2015 年 7 月 25 日	GF1_ WFV2_ E95. 8_ N34. 3_ 20150725_ L1A0000943366
16	2015 年 8 月 02 日	GF1_ WFV2_ E96. 6_ N32. 6_ 20150802_ L1A0000956985
17	2015 年 8 月 02 日	GF1_ WFV2_ E97. 2_ N35. 2_ 20150802_ L1A0000956983
18	2015 年 8 月 10 日	GF1_ WFV3_ E100. 5_ N35. 5_ 20150810_ L1A0000975645

代码	获取日期	数据标识
19	2015 年 8 月 26 日	GF1_ WFV3_ E101.6_ N33.9_ 20150826_ L1A0001000736
20	2015 年 8 月 26 日	GF1_ WFV3_ E102.1_ N35.6_ 20150826_ L1A0001000735
21	2015 年 8 月 16 日	GF1_ WFV3_ E89.3_ N35.6_ 20150816_ L1A0000985276
22	2015 年 7 月 14 日	GF1_ WFV3_ E90.4_ N35.6_ 20150714_ L1A0000918015
23	2015 年 7 月 26 日	GF1_ WFV3_ E92.2_ N35.6_ 20150726_ L1A0000944808
24	2015 年 8 月 11 日	GF1_ WFV3_ E93.3_ N33.9_ 20150811_ L1A0000976589
25	2015 年 7 月 09 日	GF1_ WFV3_ E93.8_ N33.9_ 20150709_ L1A0000908986
26	2015 年 7 月 09 日	GF1_ WFV3_ E94.2_ N35.6_ 20150709_ L1A0000908985
27	2015 年 8 月 23 日	GF1_ WFV3_ E95.9_ N33.9_ 20150823_ L1A0000993708
28	2015 年 8 月 23 日	GF1_ WFV3_ E96.4_ N35.6_ 20150823_ L1A0000993707
29	2015 年 8 月 27 日	GF1_ WFV3_ E96.5_ N33.9_ 20150827_ L1A0001002784
30	2015 年 7 月 25 日	GF1_ WFV3_ E97.2_ N32.3_ 20150725_ L1A0000943401
31	2015 年 7 月 25 日	GF1_ WFV3_ E97.7_ N33.9_ 20150725_ L1A0000943400
32	2015 年 8 月 02 日	GF1_ WFV3_ E99.0_ N34.2_ 20150802_ L1A0000956302
33	2015 年 8 月 08 日	GF1_ WFV4_ E90.2_ N35.2_ 20150808_ L1A0000968780
34	2015 年 7 月 22 日	GF1_ WFV4_ E93.1_ N33.5_ 20150722_ L1A0000936317
35	2015 年 7 月 22 日	GF1_ WFV4_ E93.7_ N35.2_ 20150722_ L1A0000936316
36	2015 年 7 月 09 日	GF1_ WFV4_ E96.2_ N35.2_ 20150709_ L1A0000908996
37	2015 年 8 月 23 日	GF1_ WFV4_ E98.0_ N33.5_ 20150823_ L1A0000993717
38	2015 年 8 月 23 日	GF1_ WFV4_ E98.5_ N35.2_ 20150823_ L1A0000993716
39	2015 年 8 月 23 日	GF1_ WFV4_ E99.1_ N36.8_ 20150823_ L1A0000993715

3.1.3　处理流程

以 2013 年 LULC 数据为基础，应用 2015 年夏季 GF-1 WFV 影像，开展 2013 ~ 2015 年研究区 LULC 动态变化解译，最终形成 LULC2015 产品（图 3-1）。

研制过程中，对于 2015 年的 LULC 产品的基本要求如下。

分类系统：土地利用分类系统沿用中国科学院资源环境科学数据中心数据库中一贯的分类系统，即 6 个一级类，25 个二级类。具体内容见表 3-3。

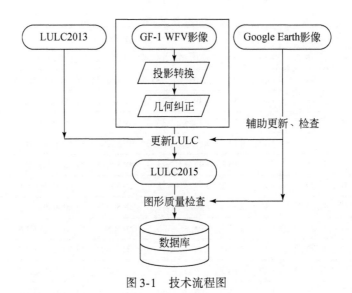

图 3-1　技术流程图

表 3-3　中国科学院 LULC 分类系统

一级类		二级类		含义
编号	名称	编号	名称	
1	耕地	—	—	指种植农作物的土地，包括熟耕地、新开荒地、休闲地、轮歇地、草田轮作物地；以种植农作物为主的农果、农桑、农林用地；耕种 3 年以上的滩地和海涂
		11	水田	指有水源保证和灌溉设施，在一般年景能正常灌溉，用以种植水稻、莲藕等水生农作物的耕地，包括实行水稻和旱地作物轮种的耕地
		12	旱地	指无灌溉水源及设施，靠天然降水生长作物的耕地；有水源和浇灌设施，在一般年景下能正常灌溉的旱作物耕地；以种菜为主的耕地；正常轮作的休闲地和轮歇地
2	林地	—	—	指生长乔木、灌木、竹类，以及沿海红树林等的林业用地
		21	有林地	指郁闭度>30%的天然林和人工林，包括用材林、经济林、防护林等成片林地
		22	灌木林	指郁闭度>40%、高度在 2m 以下的矮林地和灌丛林地
		23	疏林地	指林木郁闭度为 10%～30%的林地
		24	其他林地	指未成林造林地、迹地、苗圃及各类园地（果园、桑园、茶园、热作林园等）

一级类		二级类		含义
编号	名称	编号	名称	
3	草地	—	—	指以生长草本植物为主,覆盖度>5%的各类草地,包括以牧为主的灌丛草地和郁闭度<10%的疏林草地
		31	高覆盖度草地	指覆盖度>50%的天然草地、改良草地和割草地,此类草地一般水分条件较好,草被生长茂密
		32	中覆盖度草地	指覆盖度为20%~50%的天然草地和改良草地,此类草地一般水分不足,草被较稀疏
		33	低覆盖度草地	指覆盖度为5%~20%的天然草地,此类草地水分缺乏,草被稀疏,牧业利用条件差
4	水域	—	—	指天然陆地水域和水利设施用地
		41	河渠	指天然形成或人工开挖的河流及主干常年水位以下的土地。人工渠包括堤岸
		42	湖泊	指天然形成的积水区常年水位以下的土地
		43	水库坑塘	指人工修建的蓄水区常年水位以下的土地
		44	永久性冰川雪地	指常年被冰川和积雪所覆盖的土地
		45	滩涂	指沿海大潮高潮位与低潮位之间的潮侵地带
		46	滩地	指河、湖水域平水期水位与洪水期水位之间的土地
5	城乡、工矿、居民用地	—	—	指城乡居民点及其以外的工矿、交通等用地
		51	城镇用地	指大、中、小城市及县镇以上建成区用地
		52	农村居民点	指独立于城镇以外的农村居民点
		53	其他建设用地	指厂矿、大型工业区、油田、盐场、采石场等用地,以及交通道路、机场及特殊用地
6	未利用土地	—	—	目前还未利用的土地,包括难利用的土地
		61	沙地	指地表为沙覆盖,植被覆盖度<5%的土地,包括沙漠,不包括水系中的沙漠
		62	戈壁	指地表以碎砾石为主,植被覆盖度<5%的土地
		63	盐碱地	指地表盐碱聚集,植被稀少,只能生长强耐盐碱植物的土地
		64	沼泽地	指地势平坦低洼、排水不畅、长期潮湿、季节性积水或常年积水、表层生长湿生植物的土地
		65	裸土地	指地表土质覆盖,植被覆盖度<5%的土地
		66	裸岩石质地	指地表为岩石或石砾,其覆盖面积>5%的土地
		67	其他	指其他未利用土地,包括高寒荒漠、苔原等

投影坐标：动态更新制图的投影坐标与此前数据库保持一致，为双标准纬线等面积割圆锥投影，也称 Albers 投影。具体参数如下。

坐标系：大地坐标系。

投影：Albers 投影。

南标准纬线：25°N。

北标准纬线：47°N。

中央经线：105°E。

坐标原点：105°E 与赤道的交点。

纬向偏移：0°。

经向偏移：0°。

椭球参数采用 Krasovsky 参数：$a = 6\ 378\ 245.000\ 0\mathrm{m}$，$b = 6\ 356\ 863.018\ 8\mathrm{m}$。

统一空间度量单位：m。

精纠正误差控制：1~2 个像元。

动态解译标准：大于 16 个像元的地物均要求解译。

3.1.4　精度评价

在三江源地区随机生成 306 个抽样点，采用基于误差矩阵的分类精度评价方法进行精度评价，并计算制图精度、用户精度、总体精度等。

利用高分影像参照对比，并应用误差矩阵方法计算得出（表 3-4）：三江源地区 LULC 数据总体精度（OA）为 98.37%，用户精度（UA）和制图精度（PA）平均 90% 以上，错分误差（CE）和漏分误差（OE）平均低于 10%，根据全国土地利用数据库 2005 年更新实施方案中的质量检查规范，符合制图精度。

表 3-4　三江源地区 LULC 误差矩阵

LULC 类型		参考数据							CE（%）	UA（%）
		耕地	林地	草地	水域	建设用地	其他	总计		
解译	耕地	3						3	0	100
数据	林地		14					14	0	100

续表

LULC 类型		参考数据								
		耕地	林地	草地	水域	建设用地	其他	总计	CE（%）	UA（%）
解译数据	草地			221				221	0	100
	水域	1		1	9		1	12	25	75
	建设用地					2		2	0	100
	其他			2			52	54	3.70	96.30
	总计	4	14	224	9	2	53	306		
	OE（%）	0	0	1.34	0	0	1.89	OA = 98.37		
	PA（%）	100	100	98.66	100	100	98.11			

3.2 植被绿度产品

3.2.1 概述

植被绿度，即归一化植被指数（NDVI），是衡量陆地植被生长状况的基本指标。

NDVI 产品是全球植被状况监测和土地覆被与土地覆被变化监测的基础产品[38]。NDVI 产品可作为模拟全球生物地球化学和水文过程与全球、区域气候的输入，也可以用于刻画地球表面生物属性和过程，包括初级生产力和土地覆被转变。

本书研究中 2005～2013 年所用到的 NDVI 数据来自于 NASA 发布的 MODIS L3/L4 MOD13A3 产品。2014～2015 年 NDVI 数据依据 GF-1 WFV 影像数据由本研究自行计算得到，GF-1 WFV 影像可以从中国资源卫星应用中心网站下载得到。

3.2.2 基础数据

研究区为三江源地区重点生态功能区。
研究所使用的基础数据、产品如下。

1）2005～2013 年，MODIS L3/L4 MOD13A3 产品。

2）2014～2015 年，GF-1 WFV 影像数据，下载于中国资源卫星应用中心网站。

3）三江源地区主体功能区规划图。

3.2.3　处理流程

2005～2013 年 NDVI 数据利用 MODIS L3/L4 MOD13A3 数据处理得到，具体流程如图 3-2 所示。

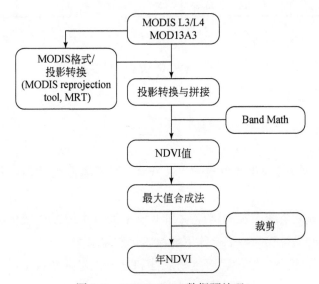

图 3-2　MODIS NDVI 数据预处理

下载得到的 MODIS NDVI 数据的有效值范围为（-20 000，10 000），其中 -30 000 为无效值。NDVI 数值扩大，需要利用 Band Math 进行处理，算法是

（b1 lt 0） * 0+（b1 ge 0） * （b1* 0.0001）。

NDVI 年值产品通过年内月值产品的最大值合成法得到。具体公式如下：

$$M_{NDVI} = \max（NDVI_1, NDVI_2, NDVI_3, \cdots）$$

2014～2015 年 NDVI 数据由 GF-1 WFV 影像数据获取，具体处理流程如图 3-3 所示，波段性能参数见表 3-5。

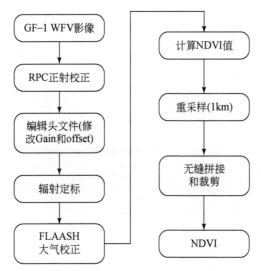

图 3-3　GF-1 WFV 影像数据处理

表 3-5　GF-1 WFV 影像波段性能参数表

波段号	波段	波长（μm）	分辨率（m）
1	蓝	0.45~0.52	16
2	绿	0.52~0.59	16
3	红	0.63~0.69	16
4	近红外	0.77~0.89	16

NDVI 由 GF-1 卫星遥感数据得到，具体方法如下：

$$NDVI = \frac{NIR - R}{NIR + R}$$

式中，NIR 为近红外波段；R 为红波段。

3.2.4　卫星替代说明

考虑到三江源地区绝大部分 GF-1、GF-2 影像云覆盖率达到 50% 以上，在这些地区无法计算得到真实的 NDVI 值；同时，GF-1、GF-2 卫星重访周期长，影像研究区覆盖率较低，利用多期 GF 影像开展最大值合成法计算也存在严重缺陷和实践中的不可行（表3-6），因此，本书采用MODIS数据替代。在今后的研究中，可以用重访周期段、覆盖面广的其他高分影像（如GF-4影像）来完成。

GF-4卫星同时具有高时间分辨率和高轨、高分辨率的优点，搭载了一台可见光50m、中波红外400m分辨率、大于400km幅宽的凝视相机，其50m分辨率使其成为目前世界上卫星分辨率最高的高轨光学成像卫星，具有单幅400km大幅宽和中波红外探测能力（表3-7）。

表3-6 GF-1卫星有效载荷技术指标

参数		2m分辨率全色、8m分辨率多光谱相机	16m分辨率多光谱相机
光谱范围（μm）	全色	0.45～0.90	
	多光谱	0.45～0.52	0.45～0.52
		0.52～0.59	0.52～0.59
		0.63～0.69	0.63～0.69
		0.77～0.89	0.77～0.89
空间分辨率（m）	全色	2	16
	多光谱	8	
幅宽（km）		60（2台相机组合）	800（4台相机组合）
重访周期（侧摆时）(d)		4	
覆盖周期（不侧摆）(d)		41	4

表3-7 GF-4卫星有效载荷技术指标

波段	谱段号	谱段范围（μm）	空间分辨率（m）	幅宽（km）	重访时间（s）
可见光近红外（VNIR）	1	0.45～0.90	50	400	20
	2	0.45～0.52			
	3	0.52～0.60			
	4	0.63～0.69			
	5	0.76～0.90			
中波红外（MEIR）	6	3.5～4.1	400		

3.3　载畜压力产品

3.3.1　概述

近几十年来，由于气候变化和人类活动的双重影响，三江源地区草地生态系统发生了严重退化，已经严重影响了该地区的生态环境和草地畜牧业的可持续发展。超载过牧是三江源地区草地退化的最主要因素。通过研究草地载畜压力的动态变化，可以为该地区草地恢复、管理和利用战略的制定提供科学依据[39]。

草地载畜压力可以用载畜压力指数来表示，即草地实际放牧量与理论载畜量的比值。

本书使用的 2005～2014 年 NPP（net primary productivity，净初级生产力）数据来自于 NASA 发布的 MODIS L3/L4 MOD17A3 产品。

3.3.2　基础数据

研究区域为三江源地区重点生态功能区。

研究所使用的基础数据、产品包括以下内容。

1）2005～2014 年，MODIS L3/L4 MOD17A3 产品。

2）2005 年、2010 年、2015 年三江源地区 LULC 产品。

3）2005～2014 年，三江源地区大牲畜和羊的出栏数、存栏数统计数据。

3.3.3　处理流程

载畜压力指数计算流程如图 3-4 所示。

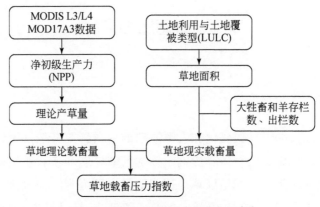

图 3-4　载畜压力指数计算流程图[24]

3.3.4　精度评价/产品替代说明

本书研究中，计算产草量所需的 NPP 数据使用了 MODIS L3/L4 MOD17A3 的 NPP 产品，未来可以使用基于 GF-4 卫星的 NPP 产品予以替代。但是，考虑 GF 系列卫星的发射日期，对于本地区历史 NPP 数据、历史产草量、历史载畜压力指数的计算，依然需要使用 MODIS 的相关产品。同时，在使用 GF 系列卫星数据时，需要进一步做好时间序列数据衔接工作。

本书研究中，由于 LULC 数据只有 2005 年、2010 年、2015 年 3 个年份的卫星遥感解译产品，为便于合理开展连续时间序列的草地载畜压力评价，需要得到时间序列的草地空间分布和草地面积数据。本书中采用线性插值方法计算得到各地区逐年草地面积数值。

3.4　水源涵养产品

3.4.1　概述

三江源地区植物种类繁多、植株低矮、生长密集，具有良好的水源涵养能力。水源涵养能力通过生态蓄水能力体现。生态蓄水能力值越高，表明生态系统可调蓄容量越大，生态系统水源涵养能力越强。

本书采用降水储存量法，即用林草生态系统的蓄水效应来衡量其涵养水分的功能。降水储存量法表示的是一个地块有植被与无植被状况相比较下减少的地表径流量，即自然生态系统与裸地（假想）相比较，其截留降水、涵养水分的能力。该方法原理较为简单，所需参数较少，通过降水、植被、土地覆被等长时间序列数据可用于较大尺度生态系统水源涵养量的估算。

3.4.2　基础数据

研究区域为三江源地区重点生态功能区。

研究所使用的基础数据、产品如下。

1）2005～2014 年，MODIS L3/L4 MOD13A3 产品。

2）2005～2012 年降水量数据来源于中国科学院资源环境科学数据中心（http：//www. resdc. cn）——全国 1km 网格月年降水数据集；2013～2014 年降水数据自行处理；数据均由全国 1915 个气象站点数据基于 DEM（digital elevation model，数字高程模型）插值处理得到。

3）三江源地区主体功能区规划图。

3.4.3　处理流程

水源涵养产品计算流程如图 3-5 所示。

径流系数的计算方法如下。

不同植被覆盖度下高寒草甸的降水产流特征参考李元寿等[40]的研究结果，植被覆盖度可由 MODIS 的 NDVI 产品计算得到，公式如下：

$$F_v = (NDVI - NDVI_s) / (NDVI_v - NDVI_s)$$

式中，$NDVI_v$ 和 $NDVI_s$ 分别为茂密植被覆盖和完全裸土像元的值。

具体径流系数分级见表 3-8。

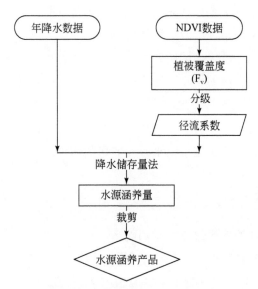

图 3-5 水源涵养产品计算流程

表 3-8 不同植被覆盖度对应径流系数分级表

植被覆盖度等级	植被覆盖度（%）	径流系数 R
1	0 ~ 10	0.28
2	10 ~ 25	0.25
3	25 ~ 50	0.15
4	50 ~ 70	0.05
5	70 ~ 100	0.015

本书假定裸地降水径流系数为 0.28，且植被覆盖度低于 10% 也视为裸地。

3.4.4 精度评价

基于降水储存量法的林草生态系统水文调节量主要受降水大小的影响，数值上会由于降水量的增大和减少而增大或减少，本产品的计算结果和国内外其他学者的研究结果大致相同，在空间格局上均表现同样的变化规律。表明计算结果可信。

1）张媛媛基于 InVEST 模型计算得到 2005 年三江源地区水源涵养量为

147.57 亿 m³，本书该地区当年水源涵养量计算结果为 143.28 亿 m³[30]。本书计算结果较张媛媛结果偏小 2.9%。

2）吴丹基于降水储存量法计算得到 2012 年三江源地区水源涵养量为 179.00 亿 m³，本书该地区当年水源涵养量为 143.97 亿 m³[27]。本书计算结果较吴丹结果偏小 19.6%。

3.5　防风固沙产品

3.5.1　概述

防风固沙功能是干旱、半干旱区生态系统服务中的重要服务功能之一。防风固沙是干旱、半干旱地区为了保持水土、防止沙尘暴等恶劣天气而进行的一种生态建设活动。土壤风蚀是全球性的环境问题之一，在干旱、半干旱区严重威胁着人类生存与社会的可持续发展[41]。当风经过地表时，会受到来自植被的阻挡，使风力削弱、风蚀量降低，由植被作用引起的风蚀减小量定义为防风固沙服务功能量，由裸土条件下的潜在土壤风蚀量与地表覆盖植被条件下的现实土壤风蚀量的差值表示。目前 GIS 和 RS 技术的发展及其在生态领域的应用为防风固沙生态服务功能综合评估提供了技术与实时动态信息的支持。

本书利用自行计算的气象因子、土壤可蚀性因子、土壤结皮因子、地表粗糙度因子及植被因子等，定量计算了三江源地区［分区县、市（乡）与全区］2005～2014 年土壤风蚀量和防风固沙功能量，以期为三江源地区生态环境保护提供支撑[42]。

3.5.2　基础数据

研究区域为三江源地区重点生态功能区。

研究所使用的基础数据、产品包括以下内容。

1）气象因子：风场强度因子、土壤湿度因子、雪盖因子、风速、降水量、灌溉量、潜热及潜在蒸发量等数据。气象数据来源于国家气象科学数据共享服务网（http：data. cma. cn/）提供的国家台站数据。雪盖因子利用寒区旱区科学数据中心提供的中国雪深长时间序列数据集进行计算，该数据集提供了1978~2010年的积雪厚度分布数据，时间分辨率为日，空间分辨率为25 km。

2）土壤可蚀性因子：土壤粗砂含量、土壤粉砂含量、土壤黏粒含量、有机质含量等数据。

3）土壤结皮因子：土壤黏粒含量、有机质含量等数据。土壤黏粒含量、有机质含量等土壤数据来源于寒区旱区科学数据中心提供的1∶100万土壤图及所附的土壤属性表。

4）地表粗糙度因子：数据来自中国10km地形图利用数据。

5）植被覆盖因子。

6）三江源地区主体功能区规划图。

3.5.3 处理流程

2005~2014年防风固沙数据需要根据自然环境数据、地形数据、土地利用数据、土壤质地数据及气象资料综合处理得到，具体流程如图3-6所示。

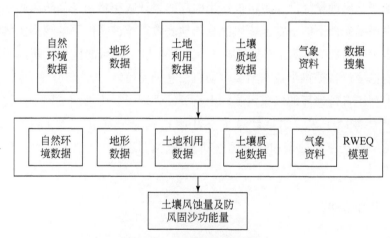

图3-6 防风固沙技术路线图

本书研究中需要利用气候条件、植被覆盖状况、土壤可蚀性、土壤结皮、地表粗糙度等要素，来评估土壤风蚀量。其中，气象因子中，需要对风场强度因子、土壤湿度因子、雪盖因子、风速、降水量、灌溉量、潜热及潜在蒸发量等因子进行数据搜集与处理；土壤可蚀性因子与土壤结皮因子需要土壤数据等；植被因子需要区域的土地利用数据。

3.5.4　精度评价/产品替代说明

基于 RWEQ 模型对区域土壤风蚀量及防风固沙量进行计算测定，由于计算中需要多种因子，因此计算的结果会有些许的不同。总之，不同模型方法所得的土壤风蚀模数差异较大，此外代表地的风蚀模数结果多由样点监测结果而得，文献中点状监测结果中经纬度信息缺乏，给风蚀模数的模拟精度验证带来困难。为此，为了保证模型所得结果的精确度，本书中利用具有监测点经纬度坐标信息的 ^{137}Cs 同位素法监测结果与模型估算结果进行比较。此外本书中还计算了京津风沙源的土壤风蚀模数，叠合京津风沙源治理亚区边界及 2000 年和 2005 年的土地利用类型图，根据高尚玉、张春来等[43-45]的风蚀方程估算的区域均值风蚀模数结果与模型同区域均值风蚀模数结果进行比较，研究结果大致相同，在空间格局上均表现同样的变化规律。表明计算结果可信。

此外，防风固沙数据的生成是利用多种因子计算得来的，基本数据来源于自然环境数据、地形数据、土壤质地数据及气象资料等，一些基本地理数据高分影像无法代替，但在进行诸如土壤侵蚀类型判断时，需要利用土地利用类型首先去除冰川、水体、裸岩砾石地等土地类型，需要利用土地利用与土地覆被变化数据进行判别。

3.6　水土保持产品

3.6.1　概述

水土流失，是指地表土壤及母质受外力作用发生的破坏、移动和堆积过程及水土损失，包括水力侵蚀、风力侵蚀和冻融侵蚀等。水土资源是一切生物繁衍生息的根基，是生态安全的重要基础，由自然因素和人为开发建设活动引发的水土流失已经成为严峻的环境问题，严重制约了一个地区的生态安全[46]。

土壤侵蚀是水土流失的根本原因，通过计算土壤侵蚀量，可以了解研究区域内水土流失状况，为水土保持规划提出建议。但是传统的土壤侵蚀量调查方法耗时多、周期长，而且在表示单一地理区域的特征时存在缺陷。基于 GIS 和 RS 的土壤侵蚀量估算方法能快速、准确地获取土壤流失和土地退化方面的深加工信息，为土壤侵蚀量的计算提供了一条较好的途径。

运用通用水土流失方程（USLE）估算三江源地区潜在土壤侵蚀量和现实土壤侵蚀量，两者之差即为三江源地区生态系统土壤保持量，潜在土壤保持量指生态系统在没有植被覆盖和水土保持措施情况下的土壤侵蚀量（$C=1$，$P=1$）[31]。

3.6.2 基础数据

研究区域为三江源地区重点生态功能区。

1）降水数据：2005～2012 年降水量数据来源于中国科学院资源环境科学数据中心——全国 1km 网格月年降水数据集。2013～2014 年降水数据自行处理。数据均由全国 1915 个气象站点数据基于 DEM 插值处理得到。

2）DEM 数据：使用 SRTM（shuttle radar topography mission）DEM 90m 分辨率的高程数据，数据来自于地理空间数据云平台（http：//www. gscloud. cn/）。对原始数据进行镶嵌、切割、投影、重采样等预处理操作。

3）土壤类型数据：来自于中国科学院资源环境科学数据中心的中国土壤类型空间分布数据（http：//www. resdc. cn/data. aspx？DATAID=145）。

4）C 值：由 NDVI 数据计算得到，NDVI 数据来自于 MODIS L3/L4 MOD13A3 产品。

5）P 值：来自于文献或专家咨询。

3.6.3 处理流程

土壤侵蚀量的计算主要是通过降水侵蚀力因子（R）、土壤可蚀性因子（K）、坡长坡度因子（LS）、植被覆盖因子（C）和人为管理措施因子（P）通过水土流失方程 USLE 方程计算得到。其中，空间降水侵蚀力因子需要通过空间化的降水数据计算得到，空间化的降水数据由 ArcGIS 软件中的克里格插值得到。植被覆盖因子（C）主要是使用 NDVI 数据和 LULC 数据计算得到。NDVI 数据使用 MODIS L3/L4 MOD13A3 产品替代，LULC 数据由本研究自行研制得到，数据制作和精度评价可以参考 3.1 节 LULC 产品章节。

水土保持处理流程如图 3-7 所示。

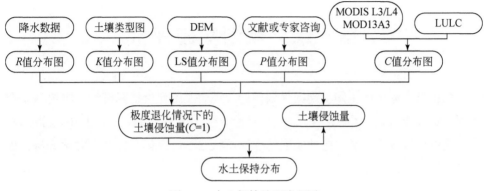

图 3-7　水土保持处理流程图

3.6.4　精度评价/产品替代说明

USLE 是目前应用最广泛、具有较好实用性的土壤流失遥感定量模型，为大多数学者采用，如陆建忠等运用 USLE 方程计算表明鄱阳湖流域土壤侵蚀总量从 1990 年的 1.74 亿 t 增加到 2000 年的 1.85 亿 t，增长幅度达 6.3%[47]，盛莉等运用该方程得到 2001 年全国土壤保持量为 284.26 亿 t[48]，刘敏超等利用该方程计算得到三江源地区土壤保持总量平均为 10.4 亿 t[49]，本书得到该地区的土壤保持总量平均为 9.54 亿 t，两者相差不大。

第4章 规划实施评价

根据三江源地区主体功能区规划目标及规划实施评价指标设计，主要从4个方面（即国土开发、生态结构、生态质量、生态服务功能），总计10个指标参数，重点对区域内2类主体功能区的指标现状水平、变化态势开展对比分析，进而形成综合评价结论。

4.1 国土开发

4.1.1 国土开发强度

国土开发强度，是主体功能区规划的核心指标，国土开发监测评价是主体功能区规划实施评价的核心内容。三江源地区国土开发监测评价，可以在公里网格上开展空间分布规律提炼，也可以在行政区尺度上开展区域对比分析。

1. 各地区国土开发强度

从2005~2015年三江源地区城乡建设用地空间分布可知，三江源地区国土开发活动极为微弱，城乡建设用地分布极不显著，在小比例尺地图上几乎难以被目视发现。总的来看，建设用地主要集中分布于区域内各县、市（乡镇）政府所在乡镇地区，城乡建设用地面积较大的地区有玉树县、玛多县、兴海县、同德县、玛沁县等。

从时间变化（表4-1）上看，2005~2015年具体变化如下。

表 4-1　三江源地区各地区国土开发强度

地区	2005 年		2010 年		2015 年	
	面积（km²）	强度（%）	面积（km²）	强度（%）	面积（km²）	强度（%）
黄南州	4.0	0.03	6.6	0.05	8.9	0.07
海南州	17.7	0.11	20.2	0.12	27.2	0.16
果洛州	14.3	0.02	18.6	0.03	38.5	0.05
玉树州	45.9	0.02	62.0	0.03	70.7	0.03
三江源地区	81.9	0.02	107.3	0.03	145.3	0.04

注：格尔木市唐古拉镇由于1:10万制图规范、遥感影像分辨率因素，没有监测到可以上图的建设用地类型。

1）黄南州城乡建设用地从 4.0km² 增加到 8.9km²，面积增长了 4.9km²，增长了 122.5%，国土开发强度从 2005 年的 0.03% 增加到 2015 年的 0.07%。

2）海南州城乡建设用地从 17.7km² 增加到 27.2km²，面积增长了 9.5km²，增长了 53.7%，国土开发强度从 2005 年的 0.11% 增加到 2015 年的 0.16%。

3）果洛州城乡建设用地从 14.3km² 增加到 38.5km²，面积增长了 24.2km²，增长了 169.2%，国土开发强度从 2005 年的 0.02% 增加到 2015 年的 0.05%。

4）玉树州城乡建设用地从 45.9km² 增加到 70.7km²，面积增长了 24.8km²，增长了 54.0%，国土开发强度从 2005 年的 0.02% 增加到 2015 年的 0.03%。

三江源地区重点生态功能区总体城乡建设用地从 81.9km² 增加到 145.3km²，面积增长了 63.4km²，增长了 77.4%，国土开发强度从 2005 年的 0.02% 增加到 2015 年的 0.04%。

三江源地区国土开发强度从 2005 年的 0.02% 增加到 2015 年的 0.04%，国土开发面积增长了近 1 倍；各州（县、市）详细的国土开发面积、国土开发强度数值见表 4-2 和表 4-3。

表 4-2　三江源地区各县域国土开发面积

省级	地级	县、市级	行政代码	城乡建设用地面积（km²）		
				2005 年	2010 年	2015 年
青海省	黄南州	泽库县	632323	1.21	2.42	4.40
		河南县	632324	2.80	4.15	4.51
	海南州	同德县	632522	6.44	6.03	10.14
		兴海县	632524	11.23	14.14	17.02
	果洛州	玛沁县	632621	5.02	6.70	15.20
		班玛县	632622	1.92	1.92	2.66
		甘德县	632623	2.84	3.25	4.34
		达日县	632624	1.26	1.90	1.87
		久治县	632625	1.70	2.48	9.31
		玛多县	632626	1.52	2.33	5.14
	玉树州	玉树县	632721	22.44	31.18	35.06
		杂多县	632722	1.50	4.74	5.19
		称多县	632723	6.29	8.13	10.68
		治多县	632724	2.34	2.34	3.12
		囊谦县	632725	10.53	10.61	10.89
		曲麻莱县	632726	2.83	4.99	5.76
三江源地区				81.9	107.3	145.3

表 4-3　三江源地区各县域国土开发强度

省级	地级	县、市级	行政代码	国土开发强度（％）		
				2005 年	2010 年	2015 年
青海省	黄南州	泽库县	632323	0.018	0.036	0.066
		河南县	632324	0.042	0.062	0.067
	海南州	同德县	632522	0.137	0.129	0.216
		兴海县	632524	0.092	0.116	0.140
	果洛州	玛沁县	632621	0.037	0.050	0.113
		班玛县	632622	0.030	0.030	0.042
		甘德县	632623	0.040	0.045	0.061
		达日县	632624	0.009	0.013	0.013
		久治县	632625	0.021	0.030	0.113
		玛多县	632626	0.006	0.010	0.021
	玉树州	玉树县	632721	0.146	0.202	0.227
		杂多县	632722	0.004	0.013	0.015
		称多县	632723	0.043	0.056	0.073
		治多县	632724	0.003	0.003	0.004
		囊谦县	632725	0.087	0.088	0.090
		曲麻莱县	632726	0.006	0.011	0.012
三江源地区				0.023	0.030	0.041

由于缺乏州（县、市）的国土开发强度规划数值，因此无法确定各个州（县、市）的国土开发活动是否符合主体功能区规划要求。但总的来看，根据《青海省主体功能区规划》设定的 2020 年全省 0.64% 的国土开发水平，三江源地区 2015 年总体国土开发水平仅为全省规划值的 6.4%，远低于全省规划值。因此，可以认为三江源地区当前的国土开发活动是为了改善三江源地区农牧民生活和生产条件，促进区域发展所必需的、正常合理的开发活动，三江源地区当前的国土开发活动总体上符合国家和地方主体功能区规划的规划目标与规划实施要求。

2. 各主体功能区国土开发强度

针对区域内 2 类主体功能分区（重点生态功能区、禁止开发区）的城乡建设用地及国土开发强度开展时序分析和对比分析（表4-4），结论如下。

表4-4　三江源地区各主体功能区内城乡建设用地面积及国土开发强度

功能区	区域面积（km²）	城乡建设用地（km²）			国土开发强度（%）		
		2005 年	2010 年	2015 年	2005 年	2010 年	2015 年
重点生态功能区	163 545.8	47.7	72.4	101.5	0.029	0.044	0.062
禁止开发区	193 707.4	34.2	34.9	43.8	0.018	0.018	0.023
三江源地区	357 253.2	81.9	107.3	145.3	0.023	0.030	0.041

注：三江源地区面积数据为本研究基于矢量边界的统计数据，下同。

从城乡建设用地存量上看［图4-1（a）］，三江源地区城乡建设用地很少。2015 年，区域内城乡建设用地总面积不足 150km²（仅 145.3km²），其中 70% 的城乡建设用地分布在重点生态功能区（101.5km²）；重点生态功能区内建设用地总面积是禁止开发区内建设用地面积的约 2.3 倍。

从国土开发强度上看［图4-1（b）］，三江源地区国土开发强度总体较低。2015 年，区域总体开发强度仅为 0.04%。其中，重点生态功能区开发强度为 0.06% 左右，禁止开发区开发强度为 0.02% 左右，前者是后者的 2.7 倍。

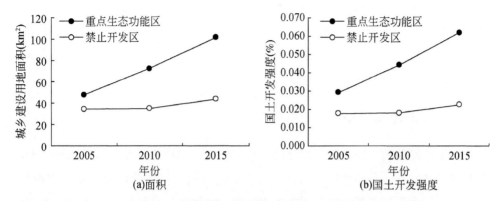

图 4-1　三江源地区主体功能区内城乡建设用地面积及国土开发强度

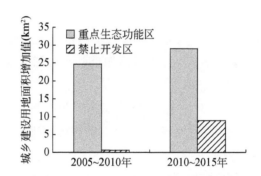

图 4-2　三江源地区各功能区分时段城乡建设用地面积增加量

从城乡建设用地的增量上看 [图 4-2]：2005～2015 年，三江源地区总计新增 63.4km² 的城乡建设用地类型，其中 84.9% 的新增建设用地主要分布在重点生态功能区，其绝对值为 53.8km²；仅有 15.1% 的新增建设用地分布在禁止开发区，其绝对值也非常小，仅为 9.6km²。这表明，三江源地区新增国土开发活动主要集中在重点生态功能区。

从时序变化上看，三江源地区新增国土开发活动在 2005～2015 年中基本上平稳发展；2010～2015 年三江源地区新增国土开发面积为 38km²，而 2005～2010 年三江源地区新增国土开发面积为 25.4km²，2010～2015 年的发展速率稍高于 2005～2010 年的发展速率，2010～2015 年是 2005～2010 年的 1.5 倍。

但值得注意的是，2005～2010 年，禁止开发区内新增国土开发面积仅为

$0.7km^2$，而 2010 ~ 2015 年，禁止开发区内新增国土开发面积则为 $8.9km^2$，2010 ~ 2015 年是 2005 ~ 2010 年的 12.7 倍。禁止开发区内新增城乡建设用地增长速率不降反升的情况，反映了这一类型区近期国土开发活动失控的可能，值得相关部门进一步探查原因。

4.1.2 国土开发聚集度

国土开发面积、国土开发强度两个指标仅能描述国土开发数量和水平，无法刻画国土开发空间分布格局。为此，需要应用公里网格建设用地面积占比指数、地域单元国土开发聚集度两个指标，更加深入地描述国土开发在空间上的聚集状况和聚集水平。

从三江源地区城乡建设用地在公里网格尺度上的国土开发聚集度可知，三江源地区国土开发聚集度极低，大部分区域公里网格尺度上的国土开发聚集度为0，北部和西部地区尤为明显；三江源地区东部和东南部地区的国土开发聚集度明显要高于北部和西部地区。

从区县域尺度上看，三江源地区南部的囊谦县国土开发聚集度最低；至 2015 年三江源地区杂多县、治多县、玉树县、称多县等东南部几个县的国土开发聚集度有所升高，这是因为这些地区在 2005 ~ 2015 年，城乡建设用地逐步增加，一方面提高了城区国土开发强度，另一方面也提升了整个县域的国土开发聚集度。三江源地区北部地区，国土开发聚集度较高，这是因为这些地区城乡居民点分布较广泛、空间分布相对均匀，因此国土开发聚集度反而较低。

从时间上变化上看，2005 ~ 2015 年，三江源地区国土开发聚集度总体呈现上升态势，区域国土开发聚集度由 2005 年的 0.237 提高到 2015 年的 0.257。考虑到国土开发强度不断提升，区域国土开发聚集度的提升表明，本区国土开发活动总体上是以 "聚集式" "蔓延式" 发展，即新增城乡建设用地主要是围绕既有城乡建设用地，采取填空补缺、蔓延生长的形式扩张。

三江源地区各州（县、市）具体的国土开发聚集度变化见表 4-5。

表 4-5 2005~2015 年三江源地区各州（县、市）国土开发聚集度变化

省级	地级	县、市级	行政代码	国土开发聚集度			
				2005 年	2010 年	2015 年	变化斜率
青海省	黄南州	泽库县	632323	0.258	0.306	0.300	0.0424
		河南县	632324	0.283	0.307	0.310	0.0262
	海南州	同德县	632522	0.229	0.228	0.246	0.0168
		兴海县	632524	0.253	0.269	0.276	0.0225
	果洛州	玛沁县	632621	0.287	0.305	0.305	0.0183
		班玛县	632622	0.219	0.219	0.236	0.0172
		甘德县	632623	0.211	0.217	0.220	0.0096
		达日县	632624	0.227	0.245	0.246	0.0193
		久治县	632625	0.220	0.241	0.251	0.0303
		玛多县	632626	0.247	0.246	0.262	0.0147
	玉树州	玉树县	632721	0.231	0.241	0.240	0.0088
		杂多县	632722	0.228	0.273	0.268	0.0396
		称多县	632723	0.211	0.225	0.224	0.0126
		治多县	632724	0.237	0.237	0.243	0.0058
		囊谦县	632725	0.202	0.202	0.202	−0.0001
		曲麻莱县	632726	0.241	0.274	0.278	0.0371
三江源地区				0.237	0.252	0.257	0.020

　　具体到各个州（县、市），可以发现除囊谦县的国土开发聚集度未发生太大变化外，其他各县域的国土开发聚集度出现了明显的国土开发聚集度上升趋势。这表明，三江源地区的大部分县域国土开发活动是以"蔓延式"发展，而不是以"蛙跳式"发展。

　　为了研究三江源地区的国土开发聚集度变化因子，研究选取了周长/面积指数与国土开发聚集度进行相关分析，其中各县域的指标数值见表 4-6。

表 4-6 2005～2015 年三江源地区各县域城乡建设用地周长/面积指数

省级	地级	县、市级	行政代码	周长/面积指数		
				2005 年	2010 年	2015 年
青海省	黄南州	泽库县	632323	0.0076	0.0052	0.0067
		河南县	632324	0.0058	0.0044	0.0045
	海南州	同德县	632522	0.0099	0.0102	0.0081
		兴海县	632524	0.0088	0.0075	0.0068
	果洛州	玛沁县	632621	0.0058	0.0050	0.0047
		班玛县	632622	0.0149	0.0149	0.0119
		甘德县	632623	0.0176	0.0168	0.0141
		达日县	632624	0.0119	0.0092	0.0093
		久治县	632625	0.0150	0.0118	0.0093
		玛多县	632626	0.0091	0.0081	0.0072
	玉树州	玉树县	632721	0.0114	0.0095	0.0094
		杂多县	632722	0.0119	0.0076	0.0078
		称多县	632723	0.0153	0.0131	0.0128
		治多县	632724	0.0117	0.0117	0.0102
		囊谦县	632725	0.0169	0.0168	0.0167
		曲麻莱县	632726	0.0088	0.0060	0.0055

由图 4-3 可知，三江源地区随着周长/面积指数的增加，国土开发聚集度呈现下降趋势。这与京津冀地区不同主体功能区国土开发聚集度的变化趋势相同，即越是优化区，其建设用地国土开发聚集度越高，小型及零星分布的居民点越少，而大型城镇及工业化的建设用地越多，形成了大型集聚场所，这些区域相应的建设用地周长/面积指数越小。因此，在一定的区域背景下，国土开发聚集度会随着周长/面积指数的增加而降低。

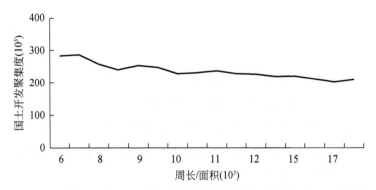

图 4-3　三江源地区县域城乡建设用地国土开发聚集度与周长/面积指数关系

4.1.3　小结

三江源地区国土开发活动极为微弱，城乡建设用地主要集中分布于区域内各县级政府所在乡镇地区，城乡建设用地面积较大的地区有玉树县、玛多县、兴海县、同德县、玛沁县等。

三江源地区国土开发强度从 2005 年的 0.023% 增加到 2015 年的 0.041%，与《青海省主体功能区规划》设定的 2020 年全省 0.64% 的国土开发水平相比，2015 年三江源地区国土开发水平仅为全省规划值的 6.4%，远低于全省规划值。三江源地区当前的国土开发活动总体上符合国家和地方主体功能区规划的规划目标与规划实施要求。

三江源地区主要有 2 类主体功能区，即重点生态功能区与禁止开发区；其中，重点生态功能区国土开发强度为 0.062% 左右，禁止开发区国土开发强度为 0.023% 左右，前者是后者的 2.7 倍。国土开发重点方向与主体功能区规划要求吻合，符合规划目标要求。

2005～2010 年，禁止开发区内新增国土开发面积仅为 0.7km² ，而 2010～2015 年，禁止开发区内新增国土开发面积为 8.9km² ，2010～2015 年是 2005～2010 年的 12.7 倍。禁止开发区内新增城乡建设用地增长速率不降反升的情况，反映了这一类主体功能区近期国土开发活动失控的可能，值得相关部门进一步探查原因。

三江源地区国土开发聚集度极低，大部分区域公里网格尺度上的国土开发聚集度为 0，北部和西部地区尤为明显；三江源地区东部和东南部地区的国土开发聚集度明显要高于北部和西部地区。

2005~2015 年，三江源地区国土开发聚集度总体呈现上升态势，区域国土开发聚集度由 2005 年的 0.237 提高到 2015 年的 0.257。考虑到国土开发强度不断提升，区域国土开发聚集度的提升表明，本区国土开发活动总体上是以"聚集式""蔓延式"发展，即新增城乡建设用地主要是围绕既有城乡建设用地，采取填空补缺、蔓延生长的形式扩张。

4.2 生 态 结 构

生态系统的组成和结构是生态系统提供服务功能的物质基础。一般来说，生态系统的组成和结构越复杂，则生态系统越稳定，生态系统服务能力越强，可靠性越高。生态系统中优良生态系统的面积及其变化，特别是区域中主导生态系统的面积及其变化，对于维护和保障区域生态系统的核心服务功能，具有决定意义[46]。

三江源地区作为国家级重点生态功能区和禁止开发区所在地，以草地为主体同时包括森林、水体和湿地等在内的优良生态系统的空间分布及其面积变化，是三江源地区生态系统提供畜牧生产、水土保持、水源涵养、防风固沙等核心服务功能的物质基础[28]。

4.2.1 优良生态系统

1. 各地区优良生态系统

从三江源地区优良生态系统类型空间分布可知，三江源地区优良生态系统在玛沁县、甘德县、河南县等东部地区分布较为密集；但在对各州［县、市（乡镇）］优良生态系统面积进行汇总后发现，东部、南部各州［县、市（乡镇）］优良生态系统面积要小于西部、北部地区各州［县、市（乡镇）］；究其原因，是因为虽然西部、北部优良生态系统类型空间分布较为分散，但由于各

州［县、市（乡镇）］行政区面积较大，因此区域内优良生态系统的汇总面积
也较大。

三江源地区优良生态系统面积 2005 年为 136 244km²，2010 年为 138 253km²，
2015 年为 138 652km²；与 2005 年相比，2015 年三江源地区优良生态系统增加了
2408km²，增加了 1.77%。

表 4-7 显示了三江源地区优良生态系统面积。三江源地区优良生态系统面积
最大的为治多县，2015 年其优良生态系统面积为 17 093km²；其次为曲麻莱县，
2015 年其优良生态系统面积为 16 342km²；同德县优良生态系统面积最小，2015
年为 2789km²。

表 4-7 三江源地区优良生态系统面积统计

州名	行政代码	县、市（乡镇）名	优良生态系统面积			
			2005 年（km²）	2010 年（km²）	2015 年（km²）	变化斜率
黄南州	632323	泽库县	4 732	4 625	4 522	−21.02
	632324	河南县	5 899	5 910	5 891	−0.77
	汇总		10 631	10 535	10 413	−0.17
海南州	632522	同德县	2 905	2 873	2 789	−11.52
	632524	兴海县	7 148	6 986	6 932	−21.52
	汇总		10 053	9 859	18 817	9 721
果洛州	632621	玛沁县	8 866	9 171	9 095	22.94
	632622	班玛县	3 482	3 493	3 492	1.05
	632623	甘德县	5 320	5 272	5 259	−6.33
	632624	达日县	5 612	5 663	5 721	10.87
	632625	久治县	4 834	4 832	4 875	4.14
	632626	玛多县	12 606	12 967	12 945	33.91
	汇总		40 722	41 398	41 387	0.07
玉树州	632721	玉树县	7 104	7 158	7 140	3.69
	632722	杂多县	10 672	11 167	11 156	48.42
	632723	称多县	7 296	8 008	7 990	69.35
	632724	治多县	16 097	16 514	17 093	99.64

州名	行政代码	县、市（乡镇）名	优良生态系统面积			
			2005 年（km²）	2010 年（km²）	2015 年（km²）	变化斜率
玉树州	632725	囊谦县	5 439	5 503	5 495	5.65
	632726	曲麻莱县	15 991	16 326	16 342	35.10
		汇总	62 599	64 677	65 217	0.13
海西州	632801	唐古拉山镇	12 241	11 784	11 913	−32.82
三江源地区			136 244	138 253	138 652	240.7

2005～2015 年，三江源地区优良生态系统面积占比各县、市（乡镇）变化斜率存在差异，但变化微小。其中有 6 个县、市（乡镇）的优良生态系统面积变化斜率为负值，分别为泽库县、河南县、同德县、兴海县、甘德县、唐古拉山镇，这些县、市（乡镇）的优良生态系统面积呈现减少态势；其余 11 个县、市（乡镇）的优良生态系统面积变化斜率均为正值，即这些县、市（乡镇）的优良生态系统面积呈现增加态势。

由三江源地区优良生态系统指数（面积占比）空间分布可知（表 4-8），2005～2015 年，三江源地区优良生态系统指数基于公里网格和基于行政区统计的空间分布情况较为一致，都是东部高、西部低。2015 年三江源地区各县、市（乡镇）中优良生态系统指数最大的为河南县，为 0.906；最低为治多县，仅为 0.212。优良生态系统指数最高地区是优良生态系统指数最低地区的 4.3 倍。其中，称多县的正变化斜率最大，泽库县负值变化斜率最大，为−0.0031。

表 4-8　三江源地区优良生态系统统计表

州名	行政代码	县、市（乡镇）名	优良生态系统指数			
			2005 年	2010 年	2015 年	变化斜率
黄南州	632323	泽库县	0.709	0.693	0.677	−0.0031
	632324	河南县	0.908	0.909	0.906	−0.0001
		汇总	0.807	0.800	0.790	−0.0017

州名	行政代码	县、市（乡镇）名	优良生态系统指数			
			2005 年	2010 年	2015 年	变化斜率
海南州	632522	同德县	0.619	0.613	0.595	−0.0025
	632524	兴海县	0.588	0.574	0.570	−0.0018
		汇总	0.596	0.585	0.577	−0.0020
果洛州	632621	玛沁县	0.660	0.683	0.677	0.0017
	632622	班玛县	0.549	0.551	0.551	0.0002
	632623	甘德县	0.745	0.738	0.737	−0.0009
	632624	达日县	0.387	0.391	0.395	0.0007
	632625	久治县	0.586	0.586	0.591	0.0005
	632626	玛多县	0.515	0.530	0.529	0.0014
		汇总	0.549	0.559	0.558	0.0009
玉树州	632721	玉树县	0.461	0.465	0.464	0.0002
	632722	杂多县	0.301	0.315	0.315	0.0014
	632723	称多县	0.499	0.548	0.547	0.0047
	632724	治多县	0.200	0.205	0.212	0.0012
	632725	囊谦县	0.453	0.459	0.458	0.0005
	632726	曲麻莱县	0.343	0.350	0.350	0.0008
		汇总	0.306	0.316	0.318	0.0013
海西州	632801	唐古拉山镇	0.263	0.253	0.256	−0.0007
三江源地区			0.383	0.389	0.390	0.001

由 2005～2015 年三江源地区优良生态系统指数变化斜率可知，2005～2015 年，三江源地区优良生态系统指数变化极为微小，但总体呈现微弱上升趋势。这表明，三江源地区优良生态系统总体呈现增加态势，区域生态系统组成结构有所改善。其中，在称多县、杂多县、称多县、治多县等县，出现了较为明显、连片的优良生态系统面积提升现象；而在格尔木市唐古拉山镇、兴海县、同德县、泽库县，以及甘德县，则出现了较为明显的优良生态系统退化迹地。

在全部 17 个县、市（乡镇）行政单元中，称多县的正变化斜率最大，为 0.0047，泽库县负值变化斜率最大，为−0.0031。其中，有 6 个县、市（乡镇）

的优良生态系统面积变化斜率为负值，分别为泽库县、河南县、同德县、兴海县、甘德县、格尔木市唐古拉山镇，其余 11 个县、市（乡镇）均为正值。

2. 各主体功能区优良生态系统

由三江源地区不同类型主体功能区内优良生态系统指数（面积占比）的空间分布及统计可知，2005～2015 年，三江源地区优良生态系统面积增加了2408km²，较 2005 年增长了 1.77%，区域生态系统结构得到明显改善。其中，绝大部分（85.9%）的新增优良生态系统分布在禁止开发区，而仅有 14.1% 的新增优良生态系统分布在重点生态功能区。具体来说：禁止开发区内优良生态系统面积增加了 2069km²，增长 3.14%；重点生态功能区内优良生态系统面积增加了339km²，增长 0.48%；显然，禁止开发区内优良生态系统面积的增长绝对值、增长速率明显高于重点生态功能区的相应指标。考虑到禁止开发区、重点生态功能区自身的面积因素，计算表明，禁止开发区内优良生态系统面积增加对于全区优良生态系统改善的贡献率达到 1.08%，而重点生态功能区的贡献率仅为0.21%（表 4-9 和表 4-10）。

表 4-9　三江源地区各功能区优良生态系统统计

功能区	优良生态系统面积（km²）			优良生态系统面积占比（%）		
	2005 年	2010 年	2015 年	2005 年	2010 年	2015 年
禁止开发区	65 993	67 753	68 062	34.31	35.22	35.38
重点生态功能区	70 251	70 500	70 590	43.06	43.21	43.27
三江源地区	136 244	138 253	138 652	38.32	38.89	39.00

表 4-10　三江源地区各主体功能区优良生态系统变化统计表

功能区	优良生态系统	2005～2010 年	2010～2015 年	2005～2015 年
禁止开发区	变化面积（km²）	1760	309	2069
	年变化面积（km²）	352	62	207
	变化率（%）	2.67	0.46	3.14
	年变化率（%）	0.53	0.09	0.31

续表

功能区	优良生态系统	2005～2010 年	2010～2015 年	2005～2015 年
重点生态功能区	变化面积（km²）	249	90	339
	年变化面积（km²）	50	18	34
	变化率（%）	0.35	0.13	0.48
	年变化率（%）	0.07	0.03	0.05
三江源地区	变化面积（km²）	2009	399	2408
	年变化面积（km²）	402	80	241
	变化率（%）	1.47	0.29	1.77
	年变化率（%）	0.29	0.06	0.18

在 2005～2015 年中，无论是禁止开发区，还是重点生态功能区，优良生态系统面积在 2005～2010 年、2010～2015 年中均呈现增加趋势，但这种增加主要发生在 2005～2010 年。在 2005～2015 年增加的 2408km² 优良生态系统面积中，有 2009km² 发生在 2005～2010 年，占 2005～2015 年增加量的 83.4%；而仅有 399km² 新增优良生态系统发生在 2010～2015 年，占 2005～2015 年增加量的 16.6%。这表明，三江源地区优良生态系统保护工作取得了一定成效，且 2005～2010 年的成效明显要好于 2010～2015 年。2010 年以来优良生态系统改善速度明显放缓，其原因值得深入探究。

4.2.2　草地生态系统

草地，是指生长草本和灌木植物为主并适宜发展畜牧业生产的土地。草地生态系统具有防风、固沙、保土、调节气候、净化空气、涵养水源等生态功能。草地生态系统是自然生态系统的重要组成部分，对维系生态平衡、地区经济、人文历史具有重要地理价值[20]。

1. 各地区草地生态系统

重点生态功能区草地面积评价分为基于行政区单元的草地面积监测评价及基于 1km 网格的草地面积占比监测评价。本书对三江源地区县、市（乡镇）中的草地进行了专门分析。

由三江源地区重点生态功能区中草地的空间分布、1km网格中的草地面积比重及各县、市（乡镇）中草地的总面积专题图及统计可知，三江源地区主体生态系统类型为草地生态系统。

从公里网格尺度上看，三江源地区除西北部草地分布较少，以及东部的公里网格尺度面积占比较少外，其他地区的公里网格单元的草地面积均较高。

从县、市（乡镇）行政区尺度上看，西部地区各县、市（乡镇）草地面积比重明显高于东部地区各县、市（乡镇）的草地面积比重。2015年，全区草地面积占县、市（乡镇）总面积80%以上的县、市（乡镇）有7个，占全部17个县、市（乡镇）的41%；草地面积占县、市（乡镇）面积60%以下的县、市（乡镇）仅有1个，为治多县；其余县、市（乡镇）草地面积占比在60%~80%。其中，草地面积比重较高的地区主要分布在三江源地区西部的称多县、达日县、杂多县，其草地面积占比均在80%以上；草地面积占比较低的地区主要分布在东部的治多县，其草地面积仅占土地面积的53%左右。

从时间变化上看，2005~2015年，草地生态系统面积呈现上升趋势，2005~2015年共上升了14 210km²，增加了6.0%。但在不同时间阶段，草地面积有着不同的变化趋势。具体来说：2005~2010年，草地面积大幅度增加，共增加了15 913km²，增长了6.6%；而在2010~2015年，草地面积有轻微减少趋势，减少了1703km²，下降了0.7%。

总体来看，2005~2015年，三江源地区草地占比从2005年的67.2%先上升到2010年的71.6%，而后在2015年又下降至71.2%。三江源地区草地生态系统总体呈现上升态势，这一时间动态变化趋势符合国家和省主体功能区规划对于本地区生态保护，特别是草地保护的要求。2010年后，草地生态系统面积有轻微衰减的趋向，各级政府应予注意。

由三江源地区重点生态功能区县、市（乡镇）草地面积变化速率可知，草地面积变化斜率为负、草地生态系统面积呈现减少态势的地区包括治多县、唐古拉山镇、玉树县、玛沁县、甘德县及久治县。三江源地区其他县、市（乡镇）单元的草地变化斜率均为正值，即草地呈逐步增加趋势；增加速率较大的县、市（乡镇）主要是曲麻莱县、玛多县，这2个地区草地面积上升率达20%以上。而久治县、唐古拉山镇等的草地呈下降趋势，下降率达4%以上（表4-11）。

表 4-11　三江源地区重点生态功能区草地面积

州名	县、市（乡镇）名	草地面积（km²）			面积变化（km²）	变化速率（km²/a）
		2005 年	2010 年	2015 年		
黄南州	泽库县	4 973.1	5 157.3	5 048.1	75.0	7.5
	河南县	5 119.1	5 155.0	5 136.0	16.9	1.7
海南州	同德县	2 777.0	3 159.1	3 074.2	297.2	29.7
	兴海县	8 443.5	9 524.5	9 362.0	918.5	91.9
果洛州	玛沁县	9 205.5	9 216.9	9 153.3	−52.2	−5.2
	班玛县	4 646.8	4 789.8	4 778.6	131.8	13.2
	甘德县	5 858.9	5 757.7	5 731.4	−127.5	−12.8
	达日县	12 830.2	13 391.1	13 369.8	539.6	54.0
	久治县	7 128.7	6 748.9	6 770.8	−357.9	−35.8
	玛多县	17 011.7	21 259.3	21 093.2	4 081.5	408.2
玉树州	玉树县	12 649.3	12 674.1	12 579.1	−70.2	−7.0
	杂多县	30 024.7	31 073.6	30 791.9	767.2	76.7
	称多县	11 636.1	13 577.0	13 472.9	1 836.8	183.7
	治多县	43 424.0	43 437.7	43 105.4	−318.6	−31.9
	囊谦县	7 786.2	7 957.3	7 944.0	157.8	15.8
	曲麻莱县	25 236.0	33 342.1	32 934.8	7 698.8	769.9
海西州	唐古拉山镇	31 224.3	29 667.0	29 839.4	−1 384.9	−138.5

2. 各主体功能区草地生态系统

2005～2015 年，三江源地区各主体功能区草地面积呈逐渐增加趋势。具体见表 4-12 和表 4-13。

表 4-12　三江源地区各功能区草地生态系统统计

功能区	草地生态系统面积（km²）			草地生态系统面积占比（%）		
	2005 年	2010 年	2015 年	2005 年	2010 年	2015 年
禁止开发区	117 449	126 275	126 017	60.63	65.19	65.06
重点生态功能区	122 526	129 613	128 168	74.92	79.25	78.37
三江源地区	239 975	255 888	254 185	67.17	71.63	71.15

表 4-13　三江源地区各主体功能区草地生态系统变化统计表

功能区	草地生态系统	2005~2010 年	2010~2015 年	2005~2015 年
禁止开发区	变化面积（km²）	8 826	−258	8 568
	年变化面积（km²）	1 765	−52	857
	变化率（%）	7.52	−0.20	7.30
	年变化率（%）	0.91	−0.03	0.88
重点生态功能区	变化面积（km²）	7 087	−1 445	5 642
	年变化面积（km²）	1 417	−289	564
	变化率（%）	5.78	−1.11	4.60
	年变化率（%）	0.87	−0.18	0.69
三江源地区	变化面积（km²）	15 913	−1 703	14 210
	年变化面积（km²）	3 183	−341	1 421
	变化率（%）	6.63	−0.67	5.92
	年变化率（%）	0.89	−0.10	0.80

　　总体上，2005~2015 年，三江源地区草地生态系统面积增加了 14 210km²，较 2005 年增长了 5.92%，区域草地生态系统结构得到明显改善。其中，大部分（60.3%）的新增草地生态系统分布在禁止开发区，39.7% 的新增草地生态系统分布在重点生态功能区。具体来说：禁止开发区内草地生态系统面积增加了 8568km²，增长率为 7.3%；重点生态功能区内草地生态系统面积增加了 5642km²，增长率为 4.6%；显然，禁止开发区内草地生态系统面积的增长绝对值、增长速率明显高于重点生态功能区的相应指标。

　　在 2005~2015 年，无论是禁止开发区，还是重点生态功能区，草地生态系统面积在 2005~2010 年均呈现增加趋势，但在 2010~2015 年中呈现略微下降态势。在 2005～2015 年增加的 14 210km² 草地生态面积中，有 15 913km² 发生在 2005～2010 年；而在 2010～2015 年有 1703km² 草地生态系统遭到破坏。这表明，虽然自 2005 年以来，三江源地区草地生态系统保护工作取得了一定成效，但 2005～2010 年的成效明显要好于 2010～2015 年。2010 年以来草地生态系统改善速度明显放缓，且出现草地生态系统退化现象，这在以后发展中需要注意。

4.2.3　小结

三江源地区优良生态系统类型主要分布在玛沁县、甘德县、河南县等东部地区。

2005～2015 年，三江源地区优良生态系统面积呈现增加态势，2005～2015 年优良生态系统面积总共增加 2408km²，增长 1.77%。禁止开发区和重点生态功能区内优良生态系统面积在 2005～2010 年、2010～2015 年均呈现增加趋势，表明三江源地区优良生态系统保护工作取得了明显成效，优良生态系统面积呈现持续增加态势。

三江源地区西部的草地面积较大，东部县域地区草地面积较小。2005～2015 年，三江源地区草地生态系统面积呈现增加态势，2005～2015 年草地生态系统面积总共增加 14 210km²，较 2005 年增长了 5.92%，区域草地生态系统结构得到明显改善。其中，大部分（60.3%）的新增草地生态系统分布在禁止开发区，39.7% 的新增草地生态系统分布在重点生态功能区。具体来说：禁止开发区内草地生态系统面积增加了 8568km²，增长率为 7.3%；重点生态功能区内草地生态系统面积增加了 5642km²，增长率为 4.6%；显然，禁止开发区内草地生态系统面积的增长绝对值、增长速率明显高于重点生态功能区的相应指标。总体来看，2005～2015 年三江源地区草地变化格局符合三江源地区重点生态功能区限制城镇建设、保护草地自然资源的要求。但 2010 年以来草地生态系统改善速度明显放缓，且出现草地生态系统退化现象，这在以后的发展中需要注意。

4.3　生态质量

生态质量评价是针对陆地植被生长状况、农牧业压力及人类活动压力等指标，对区域生态系统的综合状态和表观能力进行评价。对生态质量的评价，主要是从植被绿度（NDVI）、载畜压力指数、人类扰动指数3个维度开展评价。

4.3.1 植被绿度（NDVI）

1. 各地区植被生长质量

从三江源地区植被绿度（NDVI）逐年状况空间上看，三江源地区东部的NDVI值明显高于西部，西北部NDVI值最低。具体来说：河南县、久治县、班玛县、泽库县、甘德县等地区NDVI值较高，均在0.7以上；而西部的唐古拉山镇、NDVI值较低，不足0.3。东部主要为森林、草甸草原、典型草原等生态系统，而西北部主要为低覆盖草地以及未利用地，如沙地、戈壁、盐碱地、裸土地等类型。

2005~2015年三江源地区NDVI值有略微降低趋势；与2005年相比，2015年三江源NDVI值降低了0.028，即降低6.1个百分点；2005年NDVI值为0.456，2015年三江源地区NDVI值最低，为0.428；2010年NDVI值最高，为0.475（图4-4和表4-14）。

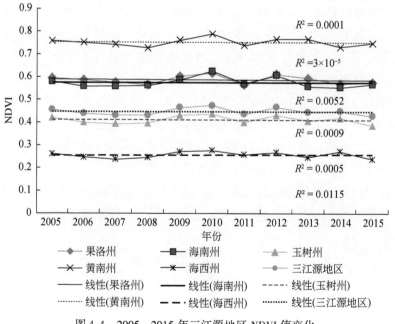

图4-4 2005~2015年三江源地区NDVI值变化

表4-14 2005～2015年三江源地区NDVI值变化统计表

州名	行政代码	县、市(乡镇)名	2005年	2006年	2007年	2008年	2009年	2010年	2011年	2012年	2013年	2014年	2015年	2005～2015年平均值	变化斜率
黄南州	632323	泽库县	0.742	0.743	0.715	0.717	0.746	0.779	0.729	0.755	0.767	0.697	0.719	0.737	-0.0008
	632324	河南县	0.791	0.803	0.765	0.774	0.789	0.825	0.775	0.797	0.810	0.767	0.776	0.788	-0.0005
	汇总		0.759	0.751	0.743	0.727	0.762	0.789	0.739	0.767	0.767	0.732	0.748	0.753	-0.0001
海南州	632522	同德县	0.695	0.679	0.675	0.682	0.694	0.734	0.698	0.716	0.726	0.642	0.644	0.690	-0.0016
	632524	兴海县	0.578	0.570	0.544	0.558	0.590	0.620	0.587	0.594	0.588	0.521	0.538	0.572	-0.0018
	汇总		0.579	0.558	0.559	0.562	0.586	0.624	0.570	0.607	0.558	0.554	0.567	0.575	0.0000
果洛州	632621	玛沁县	0.648	0.656	0.615	0.617	0.647	0.677	0.629	0.649	0.675	0.606	0.624	0.640	-0.0009
	632622	班玛县	0.725	0.755	0.700	0.677	0.706	0.758	0.716	0.735	0.764	0.713	0.727	0.725	0.0014
	632623	甘德县	0.740	0.748	0.700	0.698	0.708	0.752	0.706	0.735	0.756	0.686	0.704	0.721	-0.0017
	632624	达日县	0.647	0.661	0.598	0.599	0.645	0.671	0.626	0.648	0.691	0.621	0.622	0.639	0.0007
	632625	久治县	0.760	0.765	0.719	0.705	0.720	0.779	0.735	0.743	0.769	0.729	0.733	0.742	-0.0003
	632626	玛多县	0.436	0.445	0.403	0.411	0.473	0.476	0.444	0.460	0.469	0.394	0.392	0.437	-0.0014
	汇总		0.594	0.586	0.575	0.565	0.602	0.617	0.565	0.611	0.594	0.569	0.576	0.587	-0.0004

续表

州名	行政代码	县、市（乡镇）名	2005年	2006年	2007年	2008年	2009年	2010年	2011年	2012年	2013年	2014年	2015年	2005~2015年平均值	变化斜率
玉树州	632721	玉树县	0.656	0.683	0.631	0.646	0.665	0.686	0.662	0.691	0.701	0.671	0.652	0.668	0.0021
	632722	杂多县	0.509	0.510	0.456	0.493	0.518	0.534	0.509	0.536	0.541	0.523	0.466	0.509	0.0016
	632723	称多县	0.617	0.652	0.598	0.607	0.625	0.651	0.608	0.635	0.666	0.582	0.563	0.619	-0.0028
	632724	治多县	0.297	0.298	0.271	0.285	0.294	0.321	0.393	0.315	0.315	0.298	0.269	0.305	0.0014
	632725	囊谦县	0.603	0.634	0.589	0.601	0.619	0.643	0.631	0.656	0.659	0.646	0.615	0.627	0.0040
	632726	曲麻莱县	0.394	0.393	0.353	0.369	0.385	0.430	0.423	0.403	0.407	0.360	0.330	0.386	-0.0017
	汇总		0.422	0.400	0.393	0.396	0.432	0.436	0.401	0.431	0.407	0.419	0.387	0.411	-0.0002
海西州	632801	唐古拉山镇	0.259	0.261	0.229	0.249	0.268	0.288	0.411	0.283	0.285	0.273	0.239	0.277	0.0030
三江源地区			0.456	0.439	0.431	0.432	0.466	0.475	0.437	0.468	0.445	0.449	0.428	0.448	-0.0001

从时间上看，2005～2015 年，三江源地区 NDVI 值变化极为微小。三江源地区 17 个县、市（乡镇）单元中，称多县 NDVI 值降低最多，其变化率为 −0.0028；囊谦县 NDVI 值增加最多，其变化率为 0.0040。其中有 10 个县、市（乡镇）NDVI 值为降低状态，变化率为负值，分别为称多县、兴海县、甘德县、曲麻莱县、同德县、玛多县、玛沁县、泽库县、河南县、久治县。剩余 7 个县、市（乡镇）NDVI 值变化率为斜率为正。三江源地区 NDVI 值变化斜率基本呈零，即保持动态稳定变化（表 4-14）。

2. 各主体功能区植被生长质量

根据 2005～2015 年三江源地区禁止开发区和重点生态功能区内植被生长状况（NDVI）分布，对三江源地区禁止开发区和重点生态功能区内植被状况展开时序和对比分析（表 4-15、表 4-16 和图 4-5），可以得出以下结论。

表 4-15　2005～2015 年三江源地区 NDVI 值统计表

功能区	2005 年	2006 年	2007 年	2008 年	2009 年	2010 年	2011 年	2012 年	2013 年	2014 年	2015 年
重点生态功能区	0.519	0.502	0.495	0.494	0.529	0.541	0.497	0.532	0.511	0.506	0.491
禁止开发区	0.403	0.385	0.377	0.379	0.412	0.419	0.386	0.413	0.390	0.401	0.375
三江源地区	0.456	0.439	0.431	0.432	0.466	0.475	0.437	0.468	0.445	0.449	0.428

表 4-16　三江源地区 NDVI 值变化统计表

功能区	NDVI 均值			NDVI 年变化率（%）		
	2005～2010 年	2010～2015 年	2005～2015 年	2005～2010 年	2010～2015 年	2005～2015 年
重点生态功能区	0.513	0.513	0.511	0.84	−1.85	−0.54
禁止开发区	0.396	0.397	0.394	0.79	−2.07	−0.68
三江源地区	0.450	0.450	0.448	0.82	−1.96	−0.61

2005～2015 年，禁止开发区内 NDVI 均值为 0.394，2005～2015 年 NDVI 的年平均变化率为 −0.68%，植被生长呈现略微劣化态势。2005～2010 年与 2010～2015 年对比表明，2005～2010 年 NDVI 呈现正变化趋势，植被生长状况较好；

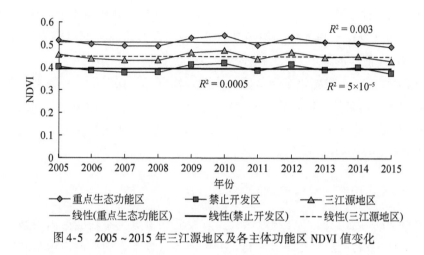

图4-5 2005～2015年三江源地区及各主体功能区 NDVI 值变化

2010～2015 年 NDVI 呈现负变化趋势，植被生长状况转差。

2005～2015 年，重点生态功能区内 NDVI 均值为 0.511，2005～2015 年 NDVI 的年平均变化率为 −0.54%，植被生长呈现略微劣化态势。2005～2010 年与 2010～2015 年对比表明，2005～2010 年 NDVI 呈现正变化趋势，植被生长状况较好；2010～2015 年 NDVI 呈现负变化趋势，植被生长状况转差。

总的来说，2005～2015 年，三江源地区无论是禁止开发区还是重点生态功能区内植被生长状况均呈现转劣态势，且自 2010 年以来，植被生长质量由好转坏态势明显。这表明，自主体功能区规划实施以来，三江源地区植被生长状况呈现恶化态势，不符合主体功能区规划目标，需要加大对该区域的生态保护力度。

4.3.2 载畜压力指数

1. 现实载畜量

计算现实载畜量需要用到各行政区每年实际畜牧情况，鉴于无法得到县、市（乡镇）级的统计数据，因此根据《青海统计年鉴》得到 2005～2014 年各地区大牲畜与羊的存栏数和出栏数。参考中华人民共和国农业行业标准《天然草地合理载畜量的计算》（NY/T 635—2015），对各地区大牲畜按 4.5 羊单位计算，每只羊按 1 羊单位计算，得到标准羊单位（表 4-17 和表 4-18）。

表4-17 2005～2014年三江源地区大牲畜存栏数、出栏数统计

（单位：万头）

地区	载畜量	2005年	2006年	2007年	2008年	2009年	2010年	2011年	2012年	2013年	2014年
果洛州	存栏数	101.4	102.2	100.3	98.3	97.1	98.3	94.54	83.8	82.1	84.7
	出栏数	27.7	26.2	27.3	27.3	23.72	23.86	29.78	25.27	22.11	18.74
	总头数	129.1	128.4	127.6	125.6	120.82	122.16	124.32	109.07	104.21	103.44
海南州	存栏数	58.8	63.2	75.6	73.5	69.7	66.4	72.72	70.6	67.64	66.8
	出栏数	24.9	22.5	20.5	28.54	29.06	26.35	25.99	24.98	27.09	26.42
	总头数	83.7	85.7	96.1	102.04	98.76	92.75	98.71	95.58	94.73	93.22
玉树州	存栏数	90.3	101.7	110.8	115.9	124.6	131.3	135.52	133.5	133.92	157
	出栏数	29.6	28.5	34.9	26.59	31.84	35.2	34.38	34.78	35.1	33.81
	总头数	119.9	130.2	145.7	142.49	156.44	166.5	169.9	168.28	169.02	190.81
黄南州	存栏数	64.1	58.7	61.5	62.1	60.8	58.3	62.42	57.1	52.51	56.6
	出栏数	19.6	20.2	17.7	21.52	23.16	24.34	20.77	29.68	29.07	25.08
	总头数	83.7	78.9	79.2	83.62	83.96	82.64	83.19	86.78	81.58	81.68
海西州	存栏数	20	19.2	19.2	20	20.2	20.9	20.35	18.5	18.6	18.5
	出栏数	6.4	6.6	6.1	6.1	6.15	6.4	7.71	7.63	7.97	8.2
	总头数	26.4	25.8	25.3	26.1	26.35	27.3	28.06	26.13	26.57	26.7

表4-18 2005～2014年三江源地区羊存栏数、出栏数统计

（单位：万头）

地区	载畜量	2005年	2006年	2007年	2008年	2009年	2010年	2011年	2012年	2013年	2014年
果洛州	出栏数	111	106	100.3	0.4	83.1	80.7	69.94	61.8	57.05	52.9
	存栏数	44.2	45.6	45.4	34.84	33.83	32.83	35.64	30.21	27.57	25.37
	总头数	155.2	151.6	145.7	35.24	116.93	113.53	105.58	92.01	84.62	78.27
海南州	出栏数	149.7	395.6	422	71.9	397.6	394.7	433.31	414.6	404.39	406.2
	存栏数	159.2	176.8	176.8	193.58	191.63	187.76	186.76	205.41	199	197.27
	总头数	308.9	572.4	598.8	265.48	589.23	582.46	620.07	620.01	603.39	603.47
玉树州	出栏数	187.6	170.8	159.5	29.2	135.3	127.6	124.32	101.9	96.09	84.2
	存栏数	78.1	79.9	77.8	61.4	57.78	56.51	50.8	53.61	42.1	42.95
	总头数	265.7	250.7	237.3	90.6	193.08	184.11	175.12	155.51	138.19	127.15

续表

地区	载畜量	2005 年	2006 年	2007 年	2008 年	2009 年	2010 年	2011 年	2012 年	2013 年	2014 年
黄南州	出栏数	403.1	153	151	8.1	157.3	161.7	156.48	144.6	143.08	144.4
	存栏数	76.6	77.1	93.9	87.31	84.45	79.56	91.88	91.44	87.32	91.92
	总头数	479.7	230.1	244.9	95.41	241.75	241.26	248.36	236.04	230.4	236.32
海西州	出栏数	191.6	196.6	197.2	65.3	212	218.2	226.02	221.7	225.5	231.9
	存栏数	72.1	76	84	86.72	90.96	96.35	99.35	108.84	106.32	107
	总头数	263.7	272.6	281.2	152.02	302.96	314.55	325.37	330.54	331.82	338.9

由表 4-19 可以看出 2005～2014 年三江源地区羊载畜量变化不大，基本维持在 3500 羊单位左右，其中海西州最小，平均总载畜量在 410 羊单位左右，海南州和玉树州总载畜量较高，玉树州基本维持在 800 羊单位左右，海南州为 1000 羊单位左右。

表 4-19　2005～2014 年三江源地区各州载畜羊单位（单位：羊单位）

地区	2005 年	2006 年	2007 年	2008 年	2009 年	2010 年	2011 年	2012 年	2013 年	2014 年
果洛州	736.2	729.4	719.9	600.4	660.6	663.3	665.0	582.8	553.6	543.8
海南州	685.6	958.1	1031.3	724.7	1033.7	999.8	1064.3	1050.1	1029.7	1023.0
玉树州	805.3	836.6	893.0	731.8	897.1	933.4	939.7	912.8	898.8	985.8
黄南州	856.4	585.2	601.3	471.7	619.6	613.1	622.7	626.6	597.5	603.9
海西州	382.5	388.7	395.1	269.5	421.5	437.4	451.6	448.1	451.4	459.1
三江源地区	3465.8	3497.9	3640.5	2798.1	3632.5	3647.0	3743.3	3620.4	3531.0	3615.6

2005～2014 年三江源地区单位面积现实载畜量变化不大，基本维持在 0.6 羊单位/hm²，其中黄南州的现实载畜量最大，2005 年为 4.34 羊单位/hm²，2006 年之后有所降低，但仍基本维持在 3 羊单位/hm² 左右；玉树州和海西州载畜量不超过 0.5 羊单位/hm²，且整体上呈增加趋势。果洛州的现实载畜量在逐渐降低，由 2005 年的 0.83 羊单位/hm² 降低到 2014 年的 0.56 羊单位/hm²。海西州现实载畜量最低，不超过 0.25 羊单位/hm²（表 4-20 和图 4-6）。

表 4-20 2005～2014 年三江源地区各州现实载畜量

(单位：羊单位/hm²)

地区	2005 年	2006 年	2007 年	2008 年	2009 年	2010 年	2011 年	2012 年	2013 年	2014 年
果洛州	0.83	0.82	0.81	0.67	0.74	0.69	0.69	0.60	0.57	0.56
海南州	1.67	2.34	2.52	1.77	2.53	2.26	2.40	2.37	2.33	2.31
玉树州	0.42	0.43	0.46	0.38	0.46	0.44	0.45	0.44	0.43	0.47
黄南州	4.34	2.96	3.04	2.39	3.14	2.99	3.04	3.06	2.92	2.95
海西州	0.21	0.21	0.21	0.15	0.23	0.23	0.24	0.24	0.24	0.24
三江源地区	0.66	0.66	0.69	0.53	0.69	0.65	0.67	0.65	0.63	0.65

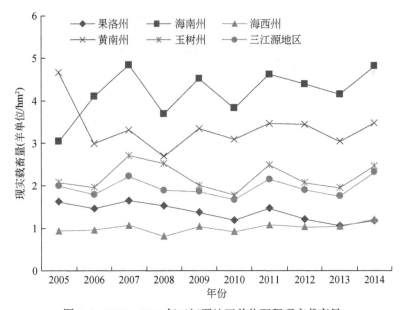

图 4-6 2005～2014 年三江源地区单位面积现实载畜量

2. 理论载畜量

理论载畜量是通过 NPP 模拟一个地区的草地理论承载能力，使用的 2005～2014 年 NPP 数据来自于 NASA 发布的 MODIS L3/L4 MOD17A3 产品。需要对原始

NPP 数据进行拼接、投影、剪切等预处理，得到三江源地区 NPP 数据。通过 NPP 数据计算各地区产草量（本书 2.2 节），需要注意的是，公式中的地上地下生物量和碳含量比例参数会由于地区差异而不同。

三江源地区多年 NPP 平均值为 113.6gC/m²，标准差为 13.1，其中黄南州 NPP 较高，多年平均值为 313.5gC/m²，标准差为 15.1，相比全区较大，表明其 NPP 变化情况高于全区水平；玉树州较低，多年平均值为 68.7gC/m²，标准差为 10.2。这表明三江源地区 NPP 变化影响较大的地区主要在黄南州（表 4-21 和图 4-7）。

表 4-21　2005～2014 年三江源地区各州 NPP　　　（单位：gC/m²）

地区	2005年	2006年	2007年	2008年	2009年	2010年	2011年	2012年	2013年	2014年	变化斜率	平均值	标准差
果洛州	173.4	190.4	166.6	149.6	183.6	197.2	159.8	170.0	183.6	163.2	-0.5	173.7	14.8
海南州	187.0	193.8	176.8	163.2	190.4	200.6	176.8	183.6	190.4	163.2	-0.9	182.6	12.5
玉树州	68.0	74.8	57.8	51.0	78.2	85.0	61.2	71.4	74.8	64.6	0.5	68.7	10.2
黄南州	316.2	336.6	312.8	302.6	319.6	329.8	299.2	302.6	326.4	289.0	-2.2	313.5	15.1
海西州	74.8	74.8	68.0	61.2	74.8	85.0	74.8	78.2	78.2	68.0	0.4	73.8	6.6
三江源地区	112.2	125.8	105.4	95.2	125.8	132.6	105.4	115.6	122.4	95.2	-0.5	113.6	13.1

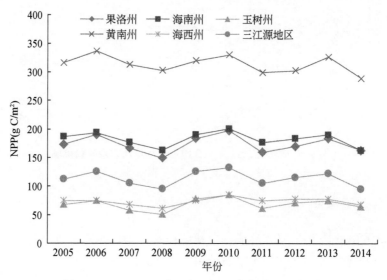

图 4-7　2005～2014 年三江源地区各州 NPP 变化图

三江源地区产草量多年平均值为 315.4kg/hm²，标准差为 36.5，其中黄南州产草量较高，多年平均值为 870.7kg/hm²，标准差为 42.0kg/hm²；玉树州产草量较低，多年平均值为 190.8kg/hm²，标准差为 28.4（表 4-22 和图 4-8）。

表 4-22　2005~2014 年三江源地区各州产草量　（单位：kg/hm²）

地区	2005年	2006年	2007年	2008年	2009年	2010年	2011年	2012年	2013年	2014年	变化斜率	平均值	标准差
果洛州	481.6	528.9	462.7	415.5	510.0	547.7	443.9	472.2	510.0	453.3	-1.3	482.6	41.2
海南州	519.4	538.3	491.1	453.3	528.9	557.2	491.1	510.0	528.9	453.3	-2.6	507.1	34.8
玉树州	188.9	207.8	160.5	141.7	217.2	236.1	170.0	198.3	207.8	179.4	1.3	190.8	28.4
黄南州	878.3	934.9	868.8	840.5	887.7	916.0	831.1	840.5	906.6	802.7	-6.2	870.7	42.0
海西州	207.8	207.8	188.9	170.0	207.8	236.1	207.8	217.2	217.2	188.9	1.1	204.9	18.4
三江源地区	311.6	349.4	292.8	264.4	349.4	368.3	292.8	321.1	340.0	264.4	-1.5	315.4	36.5

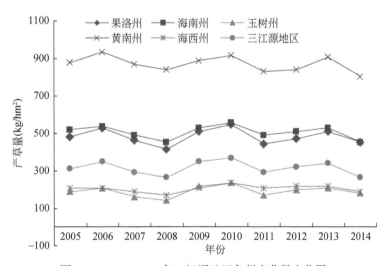

图 4-8　2005~2014 年三江源地区各州产草量变化图

三江源地区理论载畜量变化不大，多年平均值为 0.33 羊单位/hm²，标准差为 0.04，其中玉树州和海西州的理论载畜量最低，多年平均值分别为 0.20 羊单位/hm² 和 0.22 羊单位/hm²；黄南州的理论载畜量最高，多年平均值为 0.92 羊单位/hm²；海南州和果洛州大致相等，多年平均值为 0.54 羊单位/hm² 和 0.51 羊单位/hm²（表 4-23 和图 4-9）。

表 4-23   2005～2014 年三江源地区各州理论载畜量

（单位：羊单位/hm²）

地区	2005 年	2006 年	2007 年	2008 年	2009 年	2010 年	2011 年	2012 年	2013 年	2014 年	平均值	标准差
果洛州	0.51	0.56	0.49	0.44	0.54	0.58	0.47	0.50	0.54	0.48	0.51	0.04
海南州	0.55	0.57	0.52	0.48	0.56	0.59	0.52	0.54	0.56	0.48	0.54	0.04
玉树州	0.20	0.22	0.17	0.15	0.23	0.25	0.18	0.21	0.22	0.19	0.20	0.03
黄南州	0.93	0.99	0.92	0.89	0.94	0.97	0.88	0.89	0.96	0.85	0.92	0.04
海西州	0.22	0.22	0.20	0.18	0.22	0.25	0.22	0.23	0.23	0.20	0.22	0.02
三江源地区	0.33	0.37	0.31	0.28	0.37	0.39	0.31	0.34	0.36	0.28	0.33	0.04

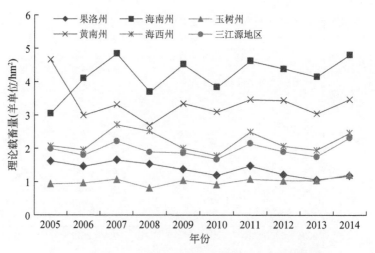

图 4-9   2005～2014 年三江源地区单位面积理论载畜量

3. 载畜压力指数

根据前述各州现实载畜量、理论载畜量的计算，可以计算得到两者的比值，即各州载畜压力指数（表4-24 和图4-10）。

表4-24　三江源地区各州载畜压力指数

地区	2005 年	2006 年	2007 年	2008 年	2009 年	2010 年	2011 年	2012 年	2013 年	2014 年	2005 ~ 2014 年平均值	标准差
果洛州	1.63	1.46	1.65	1.52	1.37	1.19	1.47	1.20	1.06	1.19	1.37	0.20
海南州	3.04	4.11	4.85	3.69	4.52	3.83	4.62	4.39	4.16	4.85	4.21	0.56
玉树州	2.10	1.95	2.71	2.53	2.00	1.76	2.50	2.10	1.95	2.47	2.21	0.32
黄南州	4.67	2.99	3.30	2.69	3.34	3.08	3.45	3.44	3.04	3.47	3.35	0.53
海西州	0.95	0.95	1.05	0.83	1.05	0.92	1.09	1.04	1.04	1.26	1.01	0.12
三江源地区	2.00	1.78	2.23	1.89	1.86	1.67	2.16	1.91	1.75	2.32	1.96	0.22

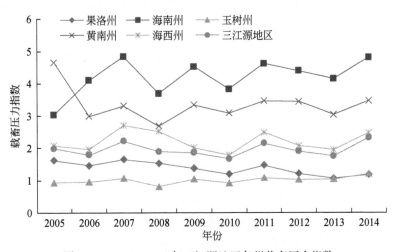

图 4-10　2005 ~ 2014 年三江源地区各州载畜压力指数

在 2005 ~ 2014 年，三江源地区的多年平均载畜压力指数值为 1.96，这表明三江源地区长期处于草地严重超载状态。标准差为 0.22，表明三江源地区载畜压力指数变化不大。其中 2007 年达到最大值（2.23），表明这之前三江源地区草地超载状况加剧，之后到 2010 年降低到最低谷（1.67），表明草地超载状况得到缓解。

其中，海西州草地超载程度最小，载畜压力指数均在 1 左右，表明草地畜牧载畜量适宜；海南州和黄南州载畜压力指数较高，基本都在 3 以上，表明这两个州处于草地畜牧严重超载的状况。

4.3.3 人类扰动指数

在禁止开发区和重点生态功能区，对生态系统原真性的保护是区域主体功能规划的重要内容。在这些地区，要求有较低的人类扰动。

1. 各地区人类扰动指数

由 2005 年、2010 年、2015 年三江源地区人类扰动指数的空间分布可知，在三江源地区东部及中南部等部分地区人类扰动指数明显较大，而在西部、西北部等部分地区人类扰动指数较小。

从行政区上看，2015 年人类扰动指数最小的为治多县，其次为曲麻莱县，而人类扰动指数最大的为同德县，为 0.362。三江源地区各县、市（乡镇）的人类扰动指数在 0.1～0.4，有 15 个县、市（乡镇）的人类扰动指数在 0.3 以上，其余县、市（乡镇）均低于该值（表 4-25）。

表 4-25 三江源地区各县、市（乡镇）人类扰动指数统计表

州名	行政代码	县、市（乡镇）名	人类扰动指数			
			2005 年	2010 年	2015 年	变化斜率
黄南州	632323	泽库县	0.288	0.301	0.304	0.002
	632324	河南县	0.312	0.314	0.314	0.000
		汇总	0.300	0.307	0.309	0.001
海南州	632522	同德县	0.327	0.359	0.362	0.003
	632524	兴海县	0.274	0.307	0.309	0.003
		汇总	0.289	0.322	0.324	0.003

续表

州名	行政代码	县、市(乡镇)名	人类扰动指数			
			2005 年	2010 年	2015 年	变化斜率
果洛州	632621	玛沁县	0.284	0.285	0.284	0.000
	632622	班玛县	0.326	0.334	0.334	0.001
	632623	甘德县	0.321	0.316	0.315	−0.001
	632624	达日县	0.307	0.320	0.320	0.001
	632625	久治县	0.326	0.310	0.313	−0.001
	632626	玛多县	0.257	0.317	0.316	0.006
	汇总		0.291	0.312	0.312	0.002
玉树州	632721	玉树县	0.309	0.310	0.308	0.000
	632722	杂多县	0.287	0.300	0.297	0.001
	632723	称多县	0.276	0.321	0.319	0.004
	632724	治多县	0.196	0.197	0.199	0.000
	632725	囊谦县	0.296	0.299	0.300	0.000
	632726	曲麻莱县	0.190	0.248	0.246	0.006
	汇总		0.231	0.250	0.249	0.002
海西州	632801	唐古拉山镇	0.266	0.256	0.257	−0.001
三江源地区			0.253	0.269	0.269	0.002

对 2005~2015 年人类扰动指数的变化进行分析，可以得到基于公里网格、行政区汇总统计的人类扰动指数变化斜率。

由变化斜率可知，2005~2015 年三江源地区人类扰动指数呈现递增趋势，从 2005 年的 0.253 增加至 2015 年的 0.269。从公里网格上的人类扰动指数变化状况上看，三江源地区中部地区，包括称多县、曲麻莱县、玛多县、兴海县、同德县等地区，出现了较为明显的人类扰动指数增加斑块；而在格尔木市唐古拉山镇、玉树县、治多县、久治县、甘德县等县、市（乡镇），则出现了较为明显的人类扰动指数下降斑块。

对人类扰动指数进行分县、市（乡镇）统计，可以发现：变化斜率较大的地区主要为曲麻莱县、玛多县、称多县等三江源地区中部地区。通过在县、市（乡镇）尺度上进行专题统计可以发现，人类扰动指数变化斜率最大的地区为玛多县、曲麻莱县，为0.006。有5个县、市（乡镇）的人类扰动指数基本保持没变，为河南县、玛沁县、玉树县、治多县、囊谦县。人类扰动指数降低的有3个，分别为久治县、唐古拉山镇、甘德县。其余县、市（乡镇）人类扰动指数变化斜率为正值，表示该区域人类扰动指数呈增加态势，对这些区域应加以保护，减少人类活动干扰及对生态系统的破坏。

2. 各主体功能区人类扰动指数

从2005~2015年三江源地区人类扰动指数空间分布情况可知，三江源地区整体人类扰动相对较小，均在0.3以下；人类扰动指数较高的区域主要分布在三江源地区东部及中南部；在三江源地区西北部等地区人类扰动指数极小，在0.15以下。

2005~2015年，三江源地区人类扰动指数略有增加，从2005年的0.253增加到2015年的0.269。2005~2010年，人类扰动指数增长了0.016；而2010~2015年，人类扰动指数基本没有变化，人类扰动保持稳定状态。2005~2010年与2010~2015年比较发现，2010~2015年人类扰动程度逐渐降低，人类扰动指数基本没有增加，人类活动对生态系统的干扰得到控制，符合主体功能区规划目标（表4-26和图4-11）。

表4-26　三江源地区各主体功能区人类扰动指数

功能区	人类扰动指数			增长量		
	2005年	2010年	2015年	2005~2010年	2010~2015年	2005~2015年
禁止开发区	0.233	0.249	0.250	0.016	0.001	0.017
重点生态功能区	0.274	0.294	0.295	0.020	0.001	0.021
三江源地区	0.253	0.269	0.269	0.016	0.000	0.016

总的来看，2005~2015年，三江源地区重点生态功能区内的人类扰动指数略高于禁止开发区，2010~2015年两大主体功能区内人类扰动指数增加量均为0.001，较2005~2010年禁止开发区内人类扰动指数增加0.016、重点生态功能区内人类扰动指数增加0.019，均有较大降低。这表明，人类扰动指数的变化符合主体功能区规划的发展要求，在禁止开发区和重点生态功能区内，人类活动对

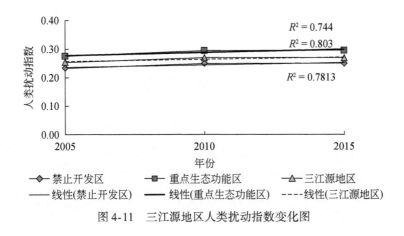

图 4-11 三江源地区人类扰动指数变化图

生态系统的干扰程度不断降低，人类活动对原有森林、草地等优良生态系统的干扰程度逐渐降低。

4.3.4 小结

NDVI 高值区域主要分布在三江源地区东部，这些区域主要生态系统类型为森林、草甸草原、典型草原等，植被生长状况较好；在西北部地区，多为低覆盖草地及未利用地，如沙地、戈壁、盐碱地、裸土地等，NDVI 值较低，植被生长状况略差。

2005～2015 年，无论是禁止开发区还是重点生态功能区，植被生长均呈现轻微转劣态势，且主要发生在 2010 年以后。对于 2010 年后区域植被生长质量轻微转劣的趋势，需进一步分析区域降水、温度及人类活动的影响。

2005～2014 年，三江源地区载畜压力指数值长期保持在 1.5 以上，这表明三江源地区草地畜牧一直处于超载状态。其中，海西州草地载畜压力指数最小（最大值仅为 1.26），草畜基本平衡；海南州和黄南州载畜压力指数最高（超过 3），草地畜牧严重超载。

三江源地区人类扰动相对较少，人类扰动指数大部分在 0.4 以下；在东北部有零星区域人类扰动指数较高，西北部人类扰动指数较小，大多区域在 0.20 以下。2005～2015 年，三江源地区人类扰动指数略有轻微增加，2005～2015 年增长了 0.016；重点生态功能区内人类扰动指数略高于禁止开发区，并且 2010～

2015 年两大主体功能区内人类扰动指数增加量均远低于 2005～2010 年。人类扰动增长区域、增长态势等，符合国家和省主体功能区规划对本地区的要求。

4.4　生态服务功能

生态系统不仅可以为人类的生存直接提供各种原料或产品（食品、水、氧气、木材、纤维等），而且在大尺度上具有调节气候、净化污染、涵养水源、保持水土、防风固沙、减轻灾害、保护生物多样性等功能，进而可为人类的生存与发展提供良好的生态环境。对人类生存与生活质量有贡献的所有生态系统产品和服务统称为生态服务功能。

根据国家和省主体功能区规划内容与要求，三江源地区作为"中华水塔"同时也是我国西北生态屏障带核心区域，其最核心的生态服务功能是水源涵养功能、水土保持能力和防风固沙功能[14]。

4.4.1　水源涵养功能

三江源地区作为长江、黄河和澜沧江的发源地，每年为我国江河中下游和东南亚国家提供约 400 亿 m³ 水量，其调蓄功能在调节长江、黄河、澜沧江的径流量大小中发挥着巨大作用，是国家生态安全和社会可持续发展的重要生态屏障[30]。

生态系统的水源涵养功能主要取决于降水及植被、凋落物的持水量[27]。对于水源涵养量的空间定量评价可以使用降水储存量法进行估算，最终得到三江源地区林草生态系统 2005～2014 年水源涵养量。

从空间格局而言，三江源地区林草生态系统水源涵养功能自东南向西北逐渐递减，即东部各县、市（乡镇）较高，西部各县、市（乡镇）较低。具体来说：泽库县、河南县、甘德县、久治县、达日县、班玛县、玉树县和囊谦县等地区水源涵养功能较高，单位面积（1km²）涵养水量均在 60 000m³ 以上；而西部的唐古拉山镇、治多县水源涵养功能较低，单位面积（1km²）涵养水量不足20 000m³。具体结合表 4-27，可知，三江源地区各县、市（乡镇）水源涵养功能最高的为班玛县，多年平均水源涵养功能为 75 250.12m³/（km²·a）；同时，

表4-27　2005～2014年三江源地区各县、市（乡）水源涵养总量变化统计表

地级	县、市（乡镇）级	2005年(亿m³)	2006年(亿m³)	2007年(亿m³)	2008年(亿m³)	2009年(亿m³)	2010年(亿m³)	2011年(亿m³)	2012年(亿m³)	2013年(亿m³)	2014年(亿m³)	平均值(亿m³)	标准差	变化斜率	水源涵养能力[m³/(km²·a)]
黄南州	泽库县	4.67	3.70	4.57	4.45	4.19	3.95	4.21	4.30	2.82	3.74	4.06	0.54	-0.10	60 456.64
黄南州	河南县	4.85	3.94	4.66	4.32	4.39	4.08	4.71	4.71	3.44	4.22	4.33	0.43	-0.05	64 574.33
海南州	同德县	2.72	2.01	2.64	2.51	2.70	2.19	2.52	2.67	1.74	2.15	2.39	0.34	-0.04	50 858.53
海南州	兴海县	5.52	3.86	4.85	4.61	5.70	4.50	4.82	5.34	3.27	4.11	4.66	0.76	-0.09	38 276.73
果洛州	玛沁县	8.29	6.08	7.79	7.34	8.30	6.76	7.19	7.79	5.62	6.73	7.19	0.90	-0.12	53 543.96
果洛州	班玛县	5.61	4.36	4.56	4.70	5.19	4.33	5.05	5.30	3.70	5.39	4.82	0.59	-0.02	75 250.12
果洛州	甘德县	5.42	4.05	5.10	4.94	5.23	4.28	4.78	5.05	3.72	4.66	4.72	0.55	-0.06	66 120.32
果洛州	达日县	10.96	8.34	9.29	9.72	10.56	8.90	9.18	10.32	7.77	9.78	9.48	1.00	-0.08	65 327.18
果洛州	久治县	6.84	5.33	5.89	5.76	6.39	5.41	6.49	6.45	4.95	6.59	6.01	0.63	-0.01	72 681.91
果洛州	玛多县	9.03	6.81	7.66	7.21	9.91	8.44	7.81	9.11	6.84	6.66	7.95	1.13	-0.08	32 485.65
玉树州	玉树县	10.29	7.99	8.36	10.04	10.36	9.10	9.26	10.65	8.44	10.08	9.46	0.96	0.06	61 378.61
玉树州	杂多县	18.14	13.60	13.82	19.28	18.29	16.56	17.28	17.72	16.44	18.34	16.95	1.91	0.20	47 690.21
玉树州	称多县	8.42	6.49	7.09	7.58	8.69	7.60	7.56	8.86	6.92	7.48	7.67	0.77	0.01	52 469.51
玉树州	治多县	15.43	10.86	11.73	14.58	15.83	14.98	20.60	16.87	13.36	15.50	14.97	2.72	0.37	18 559.70
玉树州	囊谦县	7.57	6.35	6.35	7.93	7.38	7.30	7.21	8.12	6.90	7.43	7.25	0.59	0.06	60 135.05
玉树州	曲麻莱县	12.81	9.04	9.66	11.05	12.43	13.22	12.71	13.31	9.77	10.23	11.43	1.65	0.04	24 479.76
海西州	唐古拉山镇	6.71	4.69	5.28	6.11	8.34	6.65	13.73	7.40	7.36	7.97	7.42	2.49	0.37	15 535.13
总计	三江源地区	143.28	107.50	119.30	132.13	143.88	128.25	145.11	143.97	113.06	131.06	130.75	13.76	0.46	36 598.99

注：表中的水源涵养能力等同于单位面积水源涵养量以及水源涵养功能。

最低的为唐古拉山镇，水源涵养功能为 15 535.13 m³／（km²·a）。

由图 4-12 可知，整体上看，三江源地区中玉树州和海西州单位面积水源涵养量较全区平均水平低，即其持水能力较低。而东部的黄南州、海南州、果洛州则高于全区平均水平。多年平均来看，持水能力最低的为海西州，即 15 535.1m³／（km²·a），最高的为黄南州，即 62 514.8 m³／（km²·a）（表 4-28）。

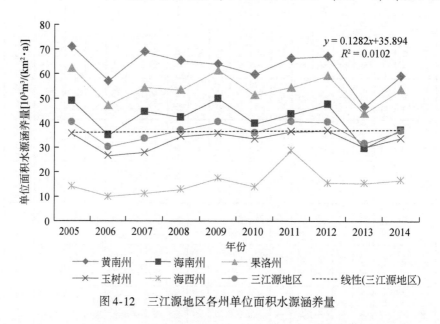

$$y = 0.1282x + 35.894$$
$$R^2 = 0.0102$$

图 4-12　三江源地区各州单位面积水源涵养量

表 4-28　2005~2014 年三江源地区各州单位面积水源涵养量变化统计表

（单位：m³／km²·a）

地区	2005 年	2006 年	2007 年	2008 年	2009 年	2010 年	2011 年	2012 年	2013 年	2014 年	均值
黄南州	70 932	56 955	68 774	65 366	63 896	59 826	66 478	67 161	46 573	59 187	62 514.8
海南州	48 850	34 822	44 411	42 236	49 877	39 668	43 554	47 518	29 707	37 135	41 777.8
果洛州	62 176	47 100	54 285	53 443	61 409	51 353	54 559	59 304	43 933	53 653	54 121.5
玉树州	35 451	26 510	27 814	34 377	35 603	33 549	36 407	36 847	30 168	33 696	33 042.2
海西州	14 042	9 809	11 064	12 780	17 455	13 917	28 729	15 491	15 394	16 670	15 535.1
三江源地区	40 105	30 089	33 394	36 984	40 273	35 898	40 618	40 298	31 646	36 685	36 599.0

从时间上看，2005～2014 年，三江源地区总体的水源涵养量变化不大。各地区水源涵养总量变化斜率较小（−0.12 亿～0.37 亿 m³）；全区每平方千米面积的水源涵养量的变化值为−7306.41～9021.89 m³，受降水影响变化较大。

三江源地区 17 个县、市（乡镇）中，有 10 个县、市（乡镇）水源涵养量值为降低状态，变化率为负值，分别为泽库县、河南县、同德县、兴海县、玛沁县、班玛县、甘德县、达日县、久治县和玛多县。其余 7 个县、市（乡镇）变化斜率为正。玛沁县水源涵养量值降低最大，其变化斜率为−0.12；唐古拉山镇和治多县水源涵养量值增加最大，其变化斜率为 0.37。

基于降水储存量法估算三江源地区林草生态系统 2005～2014 年平均水源涵养总量为 130.75 亿 m³（图 4-13），空间格局上均表现出自东南向西北逐渐递减的趋势。

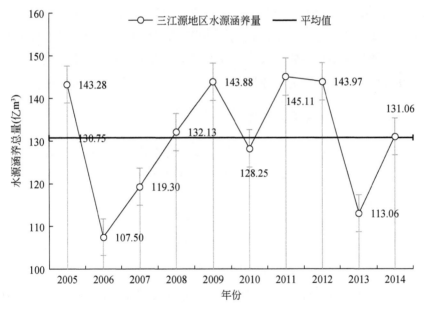

图 4-13　三江源地区水源涵养总量

对三江源地区水源涵养量的丰欠年统计表明：本地区丰年、欠年和平年频次大致相当，无明显规律（表 4-29）。2006 年三江源地区水源涵养总量最低，为107.5 亿 m³；2011 年水源涵养总量最高，为 145.11 亿 m³。2014 年相比 2005 年三江源地区水源涵养总量降低了 12.22 亿 m³，即降低 8.53%（表 4-27）。

表 4-29　三江源地区水源涵养量丰欠年统计表

项目	丰年	欠年	平年
年份	2005、2009、2011、2012	2006、2007、2013	2008、2010、2014
频次	4	3	3

对 2005~2014 年本地区水源涵养总量的变化趋势进行线性拟合，呈轻微下降态势，但该拟合不能通过统计检验，因此不能武断下结论确定本地区水源涵养量的变化趋势。

4.4.2　水土保持能力

水土保持，其对象不只是土地资源，还包括水资源；保持（conservation）的内涵不只是保护（protection），而且包括改良（improvement）与合理利用（rational use）。狭义地说，水土保持，是指对自然因素和人为活动造成的水土流失所采取的预防与治理措施。因此，对于三江源地区水土保持能力的评价，主要是对三江源地区传统的水力侵蚀过程进行评估，并进一步计算其水土保持能力。

1. 三江源地区土壤侵蚀模数

用土壤侵蚀模数法进行评价，根据降水、坡度坡长、植被、土壤和土地管理等因素评价生态系统土壤保持功能的强弱。采用通用水土流失方程（USLE）进行评价，包括自然因子和管理因子 2 类。在具体计算的时候，需要利用已有实测的土壤保持数据对模型模拟结果进行验证，并且修正参数，具体公式参考第 2 章。利用三江源地区县、市（乡镇）级行政边界对得到的侵蚀模数进行统计，得到各县、市（乡镇）总的土壤侵蚀量。

从土壤侵蚀模数上看，三江源地区土壤侵蚀模数总体呈现东部、南部较高，而中部、西部和北部土壤侵蚀模数较低的格局。其中，囊谦县、玉树县等地土壤侵蚀较严重，玛多县、泽库县、河南县土壤侵蚀较轻。

从土壤侵蚀总量上看，三江源地区土壤侵蚀量的空间分布呈现为东部相关县、市（乡镇）土壤侵蚀总量较低，西部县、市（乡镇）土壤侵蚀总量较高的格局。其中，杂多县、治多县、唐古拉山镇等地区土壤侵蚀量较高（表 4-30），

表 4-30　三江源地区县、市（乡镇）土壤侵蚀量

行政区		县、市（乡镇）	土壤侵蚀量											变化斜率	平均值（10⁶t）	标准差
州	县、市（乡镇）		2005年（10⁶t）	2006年（10⁶t）	2007年（10⁶t）	2008年（10⁶t）	2009年（10⁶t）	2010年（10⁶t）	2011年（10⁶t）	2012年（10⁶t）	2013年（10⁶t）	2014年（10⁶t）	变化斜率	平均值	标准差
黄南州	泽库县		2.31	1.73	4.07	3.79	2.35	3.69	3.14	1.95	1.21	2.41	−0.08	2.5	0.9
	河南县		2.93	2.05	5.55	3.00	2.20	3.11	4.29	1.86	1.69	2.39	−0.13	2.9	1.2
海南州	同德县		2.63	4.02	6.62	6.07	3.41	4.33	3.29	3.25	2.14	3.48	−0.18	3.8	1.4
	兴海县		14.14	15.85	27.01	25.10	18.96	26.84	11.05	16.39	10.40	13.42	−0.80	17.8	6.2
	玛沁县		23.50	11.64	43.11	28.62	24.21	31.90	19.52	18.95	14.39	20.89	−0.88	23.7	9.1
	班玛县		6.06	4.19	11.24	5.87	4.90	4.72	11.03	5.01	4.44	14.45	0.37	7.2	3.6
果洛州	甘德县		6.62	2.96	14.32	7.37	5.25	7.17	6.89	3.32	5.63	6.92	−0.20	6.6	3.1
	达日县		19.77	10.95	32.10	20.64	14.68	17.24	18.42	13.29	16.43	29.38	0.16	19.2	6.7
	久治县		9.22	6.56	14.04	6.80	5.74	6.88	15.00	5.37	10.81	11.96	0.22	9.2	3.5
	玛多县		11.70	11.28	32.59	15.29	28.54	20.20	10.00	15.34	13.56	14.03	−0.45	17.2	7.5
玉树州	玉树县		28.22	20.24	28.11	25.01	22.41	20.95	25.68	29.29	31.49	53.91	1.92	28.5	9.7
	杂多县		56.82	54.82	80.59	84.74	63.09	67.46	73.83	67.60	90.53	164.59	6.83	80.3	31.8
	称多县		8.93	7.91	30.90	11.98	17.00	12.87	11.23	14.42	19.29	20.84	0.59	15.5	6.8
	治多县		95.22	71.21	119.85	122.35	121.83	116.46	129.29	117.11	92.31	208.10	7.06	119.2	36.0
	囊谦县		33.27	36.63	31.96	28.73	17.41	34.80	36.64	38.01	35.46	43.66	0.95	33.6	7.0
海西州	曲麻莱县		33.13	26.38	55.31	45.09	46.05	52.16	43.13	62.41	43.38	74.70	3.21	41.9	16.2
	唐古拉山镇		72.84	59.68	114.71	89.37	89.09	74.08	90.35	48.74	68.52	120.02	0.88	82.7	22.6
三江源地区			427.31	348.10	652.08	529.82	487.11	504.88	512.78	462.29	461.68	805.15	19.47	511.8	127.8

到2014年均在1.2亿t以上，治多县最高，为2.08亿t；泽库县、河南县、同德县等地区土壤侵蚀量较低，到2014年均在0.05亿t以下，其中河南县最低，到2014年仅为0.02亿t（表4-30和图4-14）。

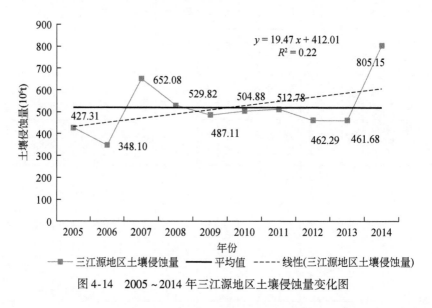

图4-14　2005～2014年三江源地区土壤侵蚀量变化图

2005～2014年，三江源地区土壤侵蚀量呈现波动变化的趋势，总体呈现上升态势。多年间三江源地区土壤侵蚀量平均值为$511.8 \times 10^6 t$。

2005～2008年，三江源地区土壤侵蚀量最高可以达到6.52亿t，最低仅为3.48亿t；2008～2013年，三江源地区土壤侵蚀量变化较为缓和。2014年，区域土壤侵蚀总量明显升高，达到过去10年的历史最高值，为8.05亿t。相比2005年，到2014年，三江源地区土壤侵蚀量增加了3.78亿t，增长了88.52%（表4-30）。

2005～2010年，三江源地区河南县、班玛县、达日县、久治县、玉树县等县、市（乡镇）土壤侵蚀量呈现降低的趋势，其余县、市（乡镇）的土壤侵蚀总量呈现增加的趋势。

对过去10年本地区土壤侵蚀量变化趋势进行线性拟合，得到相关系数r为0.47，无法通过显著性检验。通过与2005～2014年的均值（5.12亿t）相比，得出2005～2006年、2009～2010年、2012～2013年为土壤侵蚀量欠年，2007～

2008 年、2014 年为土壤侵蚀量丰年。

2. 三江源地区土壤保持量

运用通用水土流失方程（USLE）估算三江源地区潜在土壤侵蚀量和现实土壤侵蚀量，两者之差即为三江源地区生态系统土壤保持量，潜在土壤保持量指生态系统在没有植被覆盖和水土保持措施情况下的土壤侵蚀量（$C=1$，$P=1$）。

从土壤保持量的公里网格尺度空间分布看，三江源地区水土保持能力呈现南部与东部较高、西部和北部较低的空间分布格局。水土保持能力较高的地区主要分布在治多县、曲麻莱县等地区，水土保持能力较低的地区主要分布在泽库县、同德县、唐古拉山镇等地区。

从县、市（乡镇）行政单元统计结果上看，班玛县、玉树县、杂多县、治多县、曲麻莱县等地区土壤保持量较高，到 2014 年均在 1 亿 t 以上，杂多县最高，到 2014 年为 166.94×10^6 t；同德县、兴海县、甘德县、玛多县、泽库县、河南县等地区土壤保持量较低，到 2014 年均在 50×10^6 t 以下，泽库县最低，到 2014 年为 11.71×10^6 t（表 4-31）。

2005～2014 年，三江源地区土壤保持量呈现波动上升趋势。10 年间三江源地区平均土壤保持量为 9.55 亿 t。

2005 年三江源地区土壤保持量为 8.80 亿 t，2006 年降低至 6.71 亿 t，2007年又升高至 11.10 亿 t，之后呈现波动变化并降低至 2013 年（6.84 亿 t），2014年土壤保持量升高至顶点（13.27 亿 t）。相比于 2005 年，到 2014 年，三江源地区土壤保持量增加了 4.47 亿 t，增幅为 50.80%（图 4-15）。

对过去 10 年本地区土壤保持量变化趋势进行线性拟合，得到相关系数 r 为 0.36，无法通过显著性检验。通过与 2005～2014 年的均值（9.55 亿 t）相比得出 2005～2006 年、2008 年、2011 年、2013 年为土壤保持量欠年，2007 年、2010 年、2012 年、2014 年为土壤保持量丰年。

从各县、市（乡镇）水土保持能力、土壤保持总量的变化上看，2005～2014年，东部大部分县、市（乡镇）土壤保持量降低，中西部地区土壤保持量升高；其中玉树州土壤保持量增加明显，杂多县土壤保持量增加最快，变化斜率为 7.36，玛沁县土壤保持量下降最快，变化斜率为 -3.48。

表4-31 三江源地区县、市（乡镇）土壤保持量统计表

行政区		土壤保持量										变化斜率	平均值 (10⁶ t)	标准差
州	县、市（乡镇）	2005年 (10⁶ t)	2006年 (10⁶ t)	2007年 (10⁶ t)	2008年 (10⁶ t)	2009年 (10⁶ t)	2010年 (10⁶ t)	2011年 (10⁶ t)	2012年 (10⁶ t)	2013年 (10⁶ t)	2014年 (10⁶ t)		$平均值 (10^6 t)$	
黄南州	泽库县	14.29	14.20	25.03	22.01	19.88	23.61	20.11	14.45	6.05	11.71	-0.82	17.13	5.97
	河南县	28.62	26.08	45.48	35.43	43.02	49.46	48.32	28.68	17.09	23.84	-0.88	34.60	11.38
海南州	同德县	19.37	19.46	30.69	28.19	24.52	30.83	21.55	21.09	8.89	15.03	-1.06	21.96	6.94
	兴海县	42.31	53.84	65.76	77.86	58.71	70.04	33.41	51.50	19.52	30.83	-3.25	50.38	18.70
果洛州	玛沁县	89.40	39.15	123.56	81.34	78.90	129.77	64.80	67.16	41.43	54.99	-3.48	77.05	30.83
	班玛县	54.74	47.65	47.57	37.69	41.28	51.87	96.83	51.17	42.62	113.29	4.23	58.47	25.39
	甘德县	48.43	21.79	58.97	41.25	33.52	64.41	37.08	28.31	25.11	43.53	-0.94	40.24	14.07
	达日县	68.67	37.17	73.68	57.66	50.67	79.01	51.54	41.16	44.57	94.93	0.82	59.91	18.63
	久治县	77.09	54.70	61.25	41.25	42.08	62.40	100.94	43.23	57.76	83.72	1.15	62.44	19.62
	玛多县	18.73	21.21	44.80	22.08	59.68	37.62	16.09	31.61	21.92	23.28	-0.36	29.70	13.87
玉树州	玉树县	75.36	54.54	72.20	49.94	71.92	66.39	59.99	97.08	66.45	157.69	5.90	77.16	31.12
	杂多县	45.81	41.70	67.16	62.12	61.10	65.00	55.76	68.21	60.94	166.94	7.36	69.47	35.34
	称多县	33.82	26.06	68.80	31.32	64.74	51.49	33.51	67.91	42.97	73.26	2.80	49.39	18.06
	治多县	83.46	59.25	96.42	94.25	110.22	119.20	106.81	124.36	77.20	165.73	6.38	103.69	29.43
	囊谦县	74.75	76.89	76.73	41.25	44.94	75.20	56.69	106.38	51.41	83.43	0.76	68.77	20.02
	曲麻莱县	64.04	41.77	81.84	73.60	89.23	101.59	73.58	129.32	60.37	109.42	4.78	82.48	25.77
海西州	唐古拉山镇	41.40	35.97	70.24	51.24	68.67	54.27	51.93	29.90	39.34	75.26	0.69	51.82	15.55
三江源地区		880.29	671.43	1110.18	848.48	963.08	1132.16	928.94	1001.52	683.64	1326.88	24.07	954.66	202.11

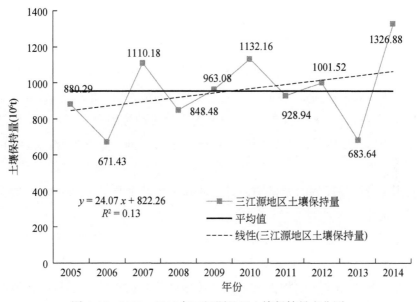

图 4-15　2005～2014 年三江源地区土壤保持量变化图

4.4.3　防风固沙功能

生态系统防风固沙功能，即干旱、半干旱地区生态系统保持水土、防止沙尘暴等恶劣天气的功能。在本书中，应用 RWEQ 模型对三江源地区进行防风固沙总量计算，获得 2005～2014 年三江源地区防风固沙功能强度空间分布。

1. 三江源地区土壤风蚀量

土壤风蚀（wind erosion）是大气与地表的一种动力作用过程，其实质是在风力的作用下，表层土壤中的细颗粒和营养物质的吹蚀、搬运与沉积的过程，也是干旱、半干旱地区及部分半湿润地区土地发生沙漠化的首要环节。

在充分考虑气候条件、植被状况、地表土壤的粗糙度、土壤可蚀性、土壤结皮的情况下，利用修正的土壤风蚀方程定量评估土壤风蚀量。

$$SL = \frac{2z}{s^2} Q_{max} e^{-\left(\frac{z}{s}\right)^2}$$

$$Q_{max} = 109.8 \ (WF \times EF \times SCF \times K' \times COG)$$

$$Q_x = Q_{\max}\left[1-e^{\left(\frac{x}{s}\right)^2}\right]$$

$$s = 150.71\ (\text{WF}\times\text{EF}\times\text{SCF}\times K'\times\text{COG})^{-0.3711}$$

式中，SL 为计算风蚀量（kg/m²）；z 为所计算的下风向距离，本书取 50m；Q_x 为地块长度 x 处的沙通量（kg/m）；$Q_{\max}$ 为风力的最大输沙能力（kg/m）；s 为关键地块长度（m）；WF 为气象因子；EF 为土壤可蚀性因子；SCF 为土壤结皮因子；K' 为土壤糙度因子；COG 为植被因子，包括平铺、直立作物残留物和植被冠层。

利用土壤风蚀模数的栅格图，对三江源地区每个县、市（乡镇）的土壤风蚀量进行统计计算。

从土壤风蚀模数上看，三江源地区土壤风蚀模数总体呈现中东部低、西部部分地区较高的格局。三江源地区土壤风蚀 [t/（hm²·a）] 以微度 [0，2）和轻度 [2.25）侵蚀为主，面积占整个三江源地区的 82.2%，主要集中在植被较好的中东部地区；其次为中度 [25，50）侵蚀，面积占整个三江源地区的 5.9%；中度以上侵蚀强度的面积所占比重与中度侵蚀的面积所占比重相同，为 5.9%，主要集中在三江源地区西部的荒漠草原区，侵蚀面积随侵蚀强度的增加而减小。

根据图 4-16 可知，2005～2014 年，三江源地区多年平均土壤风蚀量为 3 538 171t，由线性拟合结果可知 2005～2014 年三江源地区防风固沙总量呈微上升趋势，其中线性拟合的 R^2 仅为 0.0131。

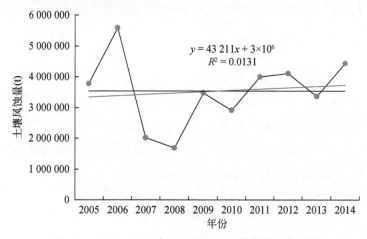

图 4-16　2005～2014 年三江源地区土壤风蚀量变化图

2005 年三江源地区土壤风蚀量为 3 777 338t，2014 年土壤风蚀量为 4 437 648t。2006 年的土壤风蚀量最高，为 5 594 167t，2008 年土壤风蚀量最低为 1 690 913t。2014 年较 2005 年土壤风蚀量增加了 17.5%。研究期间，三江源地区土壤风蚀量呈波动式上升趋势，即 2005～2006 年呈上升趋势，2006～2008年呈下降趋势，且在 2008 年下降至最低值；2008 年起又呈上升趋势。

从时间上看，2005～2014 年，三江源地区土壤风蚀量值变化极为微小。三江源地区 17 个县、市（乡镇）单元中，唐古拉山镇土壤风蚀量值降低最大，其变化斜率为 -0.45；治多县土壤风蚀量增加最大，其变化斜率为 0.51。有 7 个县、市（乡镇）土壤风蚀量为下降状态，变化斜率为负值，分别为唐古拉山镇、玛多县、玉树县、泽库县、河南县、达日县与玛多县。剩余 10 个县、市（乡镇）土壤风蚀量变化斜率为正（表 4-32）。

由各县、市（乡镇）的土壤风蚀量可以看出，治多县的土壤风蚀量最大，在 2014 年达到 2 150 370t，而平均值最低的县为班玛县，2005～2014 年平均值仅为 95.4t。除了唐古拉山镇、玛多县、玉树县、泽库县、河南县、达日县与班玛县是自 2005 年呈下降趋势，其余县、市（乡镇）自 2005 年土壤风蚀量均呈上升态势。

2. 三江源地区防风固沙功能量

当风经过地表时，会受到来自植被的阻挡，使风力削弱、风蚀量降低，由植被作用引起的风蚀减小量定义为防风固沙功能量，由裸土条件下的潜在土壤风蚀量与地表覆盖植被条件下的现实土壤风蚀量的差值表示。

$$SL_{sv} = SL_s - SL_v$$

式中，SL_{sv} 为防风固沙功能量；SL_s 为裸土条件下的潜在土壤风蚀量；SL_v 为植被覆盖条件下的现实土壤风蚀量。

三江源地区植被防风固沙功能量的分布趋势与土壤风蚀模数的分布趋势基本一致。土壤风蚀模数大的区域也是防风固沙功能量大的区域，主要集中在土壤湿度值较低、风蚀力作用较强的三江源地区西部。这是由于三江源地区西部的气候驱动力较大，土壤易蚀性大，裸土风蚀量很大，防风固沙功能量也很大。

表 4-32 三江源地区各县、市（乡镇）土壤风蚀量

地级	县、市级（乡镇级）	行政代码	2005年 (t/km²)	2006年 (t/km²)	2007年 (t/km²)	2008年 (t/km²)	2009年 (t/km²)	2010年 (t/km²)	2011年 (t/km²)	2012年 (t/km²)	2013年 (t/km²)	2014年 (t/km²)	变化斜率	均值 (t/km²)	标准差
黄南州	泽库县	632323	959.3	644.2	1 587.1	954.6	999.8	1 881.8	314.1	2 072.5	177.2	731.0	-0.004	1 032.2	565.9
	河南县	632324	204.1	555.2	719.9	238.6	575.8	623.4	186.0	784.9	157.3	138.3	-0.003	418.4	797.3
海南州	同德县	632522	1 311.0	378.3	1 377.0	317.5	1 157.4	1 703.5	753.9	3 593.1	489.8	1 242.2	0.02	1 232.4	6 441.0
	兴海县	632524	12 718	3 978	13 354	8 157	5 569	13 244	6 338	24 740	4 966	12 329	0.03	10 539.3	5 813.5
果洛州	玛沁县	632621	2 831.4	1 700.0	4 037.8	1 163.7	2 600.3	3 555.0	3 000.3	4 969.0	2 032.9	4 455.5	0.013	3 034.6	1 729.0
	班玛县	632622	55.5	61.6	154.2	3.3	244.9	109.5	163.3	52.5	55.7	53.0	0	95.4	386.6
	甘德县	632623	413.9	306.0	794.3	91.5	435.9	795.9	1 144.8	1 367.6	362.4	333.0	0.005	604.5	572.8
	达日县	632624	1 357.3	1 124.3	1 727.9	262.1	1 710.3	1 552.9	1 523.4	1 814.3	522.9	641.5	-0.003	1 223.7	660.8
	久治县	632625	67.7	112.9	364.9	16.1	392.6	310.9	211.3	268.5	135.9	51.4	0	193.2	10 076.0
	玛多县	632626	22 590	16 114	22 181	12 978	22 527	22 329	12 325	27 663	8 455	11 843	-0.03	17 900.6	9 835.1
玉树州	玉树县	632721	369.0	2 748.0	884.0	61.7	692.6	767.7	1 128.6	61.2	187.0	573.3	-0.01	747.3	98 600.2
	杂多县	632722	113 980	310 298	113 563	52 744	132 326	166 492	208 940	155 588	206 147	213 023	0.15	167 310.1	96 763.9
	称多县	632723	2 956.3	9 098.4	2 774.9	660.1	5 525.5	4 750.4	11 606.9	3 980.5	3 956.7	4 130.9	0.01	4 944.1	925 725.1
	治多县	632724	1 488 460	2 691 360	749 930	728 073	1 730 710	1 407 720	1 828 480	1 891 700	1 573 180	2 150 370	0.51	1 623 998.3	927 880.4
	囊谦县	632725	46.0	513.2	422.8	28.1	24.6	321.0	409.7	64.7	24.3	716.6	0.001	257.1	268 454.5
	曲麻莱县	632726	385 568	731 875	169 350	250 022	537 921	413 032	619 159	496 850	480 719	614 706	0.38	469 920.2	489 076.5
海西州	唐古拉山镇	632801	1 743 450	1 823 300	936 531	635 142	1 036 070	875 200	1 296 190	1 497 380	1 081 630	1 422 310	-0.45	1 234 720.3	387 836.6

根据图 4-17 可知，2005～2014 年，三江源地区多年平均防风固沙功能量为 6.7×10^{6}t，由线性拟合结果可知 2005～2014 年三江源地区防风固沙总量呈上升趋势，其中线性拟合的 R^2 为 0.2。

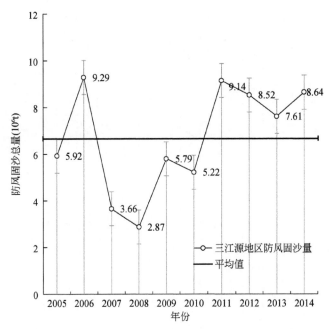

图 4-17 2005～2014 年三江源地区防风固沙总量变化图

三江源地区，2005 年防风固沙总量为 5.9×10^{6}t，2014 年防风固沙总量为 8.6×10^{6}t，2006 年防风固沙总量最高，2008 年防风固沙总量最低，为 2 868 430t。2014 年较 2005 年防风固沙总量增加了 46%。研究期间，三江源地区防风固沙总量呈波动式上升趋势，即 2005～2006 年呈上升趋势，2006～2008 年呈下降趋势，且在 2008 年下降至最低值；2008 年起又呈上升趋势。

从时间上看，2005～2014 年，三江源地区防风固沙量值变化极为微小。三江源地区 17 个县、市（乡镇）单元中，兴海县防风固沙总量值降低最大，其变化斜率为-0.43；治多县防风固沙总量增加最大，其变化斜率为 1.18。有 5 个县、市（乡镇）防风固沙总量值为上升状态，变化斜率为正值，分别为治多县、唐古拉山镇、曲麻莱县、杂多县与久治县。剩余 12 个县、市（乡镇）防风固沙总量变化斜率为负（表 4-33）。

表 4-33　三江源地区各县、市（乡镇）防风固沙总量

地级	县、市（乡镇）级	行政代码	防风固沙总量										变化斜率	均值(t/km²)	标准差
			2005年(t/km²)	2006年(t/km²)	2007年(t/km²)	2008年(t/km²)	2009年(t/km²)	2010年(t/km²)	2011年(t/km²)	2012年(t/km²)	2013年(t/km²)	2014年(t/km²)			
黄南州	泽库县	632323	7 582	5 013	18 165	14 330	7 956	24 012	2 478	16 967	1 719	9 057	-0.201 8	10 728	7 347.9
	河南县	632324	2 784	4 457	11 879	4 211	7 473	12 525	1 894	8 781	1 894	2 461	-0.076	5 836	4 067.9
海南州	同德县	632522	9 529	2 681	14 264	4 117	9 382	20 202	5 450	25 984	3 835	10 728	-0.20	10 617	7 615.5
	兴海县	632524	58 282	20 894	72 118	45 188	32 126	79 468	32 626	116 528	24 415	57 246	-0.43	53 889	29 626.6
	玛沁县	632621	13 612	7 312	24 012	7 801	14 309	23 886	17 974	32 273	11 887	24 088	-0.01	17 715	8 160.0
	班玛县	632622	618	789	1 552	112	2 667	1 738	1 457	546	674	509	-0.003	1 066	769.1
果洛州	甘德县	632623	5 366	2 684	11 411	1 700	5 470	11 884	9 270	12 699	3 283	2 603	-0.01	6 637	4 275.3
	达日县	632624	10 777	7 433	13 961	2 826	16 022	15 114	11 135	13 128	4 205	4 631	-0.05	9 923	4 832.6
	久治县	632625	946	1 404	5 361	315	4 745	5 221	2 030	2 932	1 461	455	0.001	2 487	1 963.4
	玛多县	632626	69 739	46 428	70 003	47 211	71 774	71 897	47 044	84 200	30 335	38 211	-0.185 7	57 684	17 880.7
玉树州	王树县	632721	3 995	16 236	5 776	604	5 758	5 924	6 601	504	1 518	3 638	-0.02	5 055	4 538.0
	杂多县	632722	387 981	1 179 210	407 563	184 329	482 806	649 870	870 319	627 278	835 582	729 314	0.48	635 425	286 736.4
	称多县	632723	18 380	39 299	18 745	4 911	30 539	28 445	60 059	20 029	19 128	19 872	-0.08	25 941	15 052.8
	治多县	632724	2 051 830	3 604 080	1 117 030	1 115 970	2 426 940	1 980 930	3 730 000	3 430 800	3 116 670	3 718 810	1.18	2 629 306	1 032 829.6
	囊谦县	632725	558	3 847	2 824	1 227	568	3 191	3 074	463	177	2 259	-0.01	1 819	1 366.8
	曲麻莱县	632726	662 637	1 254 040	330 743	436 788	902 946	722 913	1 494 290	1 038 790	1 054 710	1 262 230	0.61	916 009	376 637.0
海西州	唐古拉山镇	632801	2 610 510	3 089 320	1 531 780	996 790	1 771 070	1 563 380	2 842 890	3 090 710	2 499 450	2 752 740	1.04	2 274 864	744 515.1

由各县、市（乡镇）的防风固沙总量可以看出，治多县的防风固沙总量最大，在 2014 年可达到 $3.7×10^6$ t，而总量均值最低的为班玛县，均值仅为 1066t。除了久治县、杂多县、治多县、曲麻莱县、唐古拉山镇是自 2005 年呈上升趋势，其余县、市（乡镇）自 2005 年防风固沙总量均呈下降态势，上升态势意味着地区的防风固沙功能有所好转。

4.4.4　小结

生态服务功能对人类福祉和其他社会构成要素产生重要影响，三江源地区主要为草地生态系统，其牧草供给是本地畜牧业生产的物质基础，同时依托该区的植被，水源涵养、水土保持、防风固沙功能也是三江源地区的核心服务功能。

2005～2014 年，3 个指数均呈现波动状的变化趋势。全区生态系统水源涵养量约为 130.75 亿 m^3，土壤保持量约为 9.55 亿 t，防风固沙量约为 666.7 万 t。从空间分布上来看，三江源地区水源涵养量、防风固沙量分布为东部低、西部高。这是因为东部水热条件相对较好。同时，土壤保持量空间分布为东部和南部较高，西部和北部较低。

土壤流失是水土流失的根本原因，严重危害了一个地区的生态安全。2005 年三江源地区土壤保持量为 8.80 亿 t，2006 年降低至 6.71 亿 t，2007 年又升高至 11.10 亿 t，之后呈现波动变化并降低至 2013 年的 6.84 亿 t，2014 年土壤保持量升高至顶点（13.27 亿 t）。相比于 2005 年，到 2014 年，三江源地区土壤保持量增加了 4.47 亿 t，增幅为 50.80%。

2005～2014 年三江源地区防风固沙量呈现波动上升的趋势，从 2005 年的 $5.9×10^6$ t 增长到 2014 年的 $8.6×10^6$ t，增加了 46%。三江源地区的植被防风固沙功能量的分布趋势与土壤风蚀模数的分布趋势基本一致。土壤风蚀模数大的区域也是防风固沙功能量大的区域，主要集中在土壤湿度值较低、风蚀力作用较强的三江源地区西部。从时间动态看，2005～2014 年，三江源地区防风固沙量值变化极为微小。三江源地区 17 个县、市（乡镇）单元中，兴海县防风固沙总量值降低最大，其变化斜率为 -0.43；治多县防风固沙总量增加最大，其变化斜率为

1.18。有 5 个县、市（乡镇）防风固沙总量值为上升状态，变化斜率为正值，分别为治多县、唐古拉山镇、曲麻莱县、杂多县与久治县。剩余 12 个县、市（乡镇）防风固沙总量变化斜率为负。

第5章 规划辅助决策

5.1 生态治理重点区县遴选

5.1.1 遴选条件

1）当前年、规划年、规划年的国土开发强度规划值（默认采用 2020 年及其规划值）。

2）当前年的 LULC 数据。

3）当前年的人口数据。

4）国土开发聚集度。

5）行政区划数据。

1. 三江源地区基于县、市（乡镇）NPP 判别

NPP 表示了生态系统净初级生产力，它是生态系统提供其他服务的基础，根据三江源地区的情况，设置 NPP 变化斜率阈值为 0，即 NPP 变化斜率为负的地区是需要治理区域（表5-1）。

表 5-1 三江源地区 NPP 待治理区县

县、市（乡镇）名	变化斜率
班玛县	−0.98
甘德县	−1.67
河南县	−2.13
久治县	−1.41

县、市（乡镇）名	变化斜率
玛沁县	-1.28
同德县	-1.05
兴海县	-0.79
泽库县	-2.03

2. 三江源地区基于县、市（乡镇）NDVI 判别

NDVI 是植被绿度，可以表征陆地生态系统健康状况，用于区域生态系统质量的评价分析，根据三江源地区的情况，设置 NPP 变化斜率阈值为 0，即 NPP 变化斜率为负的地区是需要治理区域（表 5-2）。

表 5-2　三江源地区 NPP 待治理区县

县、市（乡镇）名	斜率变化
称多县	-0.000 02
甘德县	-0.001 13
玛沁县	-0.000 05
兴海县	-0.000 12

3. 三江源地区基于县、市（乡镇）水源涵养功能指标判别

根据 2005～2014 年三江源地区水源涵养功能变化情况，计算各州［县、市（乡镇）］多年平均值，设置各州［县、市（乡镇）］多年平均值水平为该县、市（乡镇）水源涵养功能的阈值。低于该阈值的县、市（乡镇）作为重点治理区域（表 5-3）。

表 5-3　三江源地区水源涵养待治理区县

县、市（乡镇）名	2014 年	阈值
玛多县	6.66	6.81

4. 三江源地区基于县、市（乡镇）水土保持能力指标判别

根据2005～2014年三江源地区水土保持能力变化情况，计算各州［县、市（乡镇）］多年平均值，设置各州［县、市（乡镇）］多年平均值的75%水平为该县、市（乡镇）水土保持功能的阈值。低于该阈值的县、市（乡镇）作为重点治理区域（表5-4）。

表5-4 三江源地区水土保持能力待治理区县

县、市（乡镇）名	2014 年	阈值
河南县	23.84	25.95
玛沁县	54.99	57.78
同德县	15.03	16.47
兴海县	30.83	37.78
泽库县	11.71	12.85

5. 三江源地区基于县、市（乡镇）防风固沙功能指标判别

根据2005～2014年三江源地区防风固沙功能变化情况，计算各州［县、市（乡镇）］多年平均值，设置各州［县、市（乡镇）］多年平均值的75%水平为该县、市（乡镇）的阈值。低于该阈值的县、市（乡镇）作为重点治理区域（表5-5）。

表5-5 三江源地区水土保持功能待治理区县

县、市（乡镇）名	2014 年	阈值
班玛县	509	799.65
达日县	4 631	7 442.4
甘德县	2 603	4 977.75
河南县	2 461	4 376.92
久治县	455	1 865.25
玛多县	38 211	43 263.15
玉树县	3 638	3 791.55

6. 三江源地区基于县、市（乡镇）草地载畜压力指标判别

草地载畜能力有限，草地现实畜牧量越高，草地载畜压力越大，根据三江源
地区实际情况，将草地载畜压力指数的阈值设为1.5，即载畜压力指数高于1.5
的地区为生态重点治理区域（表5-6）。

表5-6 三江源地区草地载畜待治理区县

县、市（乡镇）名	2014年
称多县	2.47
河南县	3.47
囊谦县	2.47
曲麻莱县	2.47
同德县	4.81
兴海县	4.81
玉树县	2.47
杂多县	2.47
泽库县	3.47
治多县	2.47

5.1.2 基于县、市（乡镇）辅助决策结果

辅助决策结果分为3种区域，即综合治理区域、降畜减压区域、综合治理且
降畜减压区域。

根据研究结果，三江源地区需要进行生态治理和保护的地区（即综合治理区
域）主要集中在果洛州，在该地区出现的情况是多年NPP或NDVI呈现下降的趋
势或者是水源涵养、水土保持和防风固沙能力低于多年平均值的特定水平，因此
要注意生态系统的保护，提高生态服务功能；需要降低草地载畜压力的地区（即
降蓄减压区）主要集中在玉树州，主要表现为草地现实载畜量远大于理论载畜
量，草地畜牧处于超载状况，因此以后应注意控制畜牧量，注重草地恢复；需要
同时注重综合治理且降畜减压的地区是玉树县、称多县、兴海县、同德县、泽库
县、河南县6个县，这些县生态质量较差同时草地畜牧处于超载的状态，在治理

和保护生态的同时还应减少畜牧量。

5.2 生态治理重点网格遴选

5.2.1 遴选条件

1) NDVI。
2) NPP。
3) 水源涵养功能。
4) 水土保持能力。
5) 防风固沙功能。

1. 三江源地区基于栅格 NPP 判别

根据 2005～2014 年基于 1km 网格的 NPP 变化斜率，将变化斜率为 0 作为阈值，即变化斜率低于 0 的栅格作为重点治理区域。

2. 三江源地区基于栅格 NDVI 判别

根据 2005～2014 年基于 1km 网格的 NDVI 变化斜率，将变化斜率为 0 作为阈值，即变化斜率低于 0 的栅格作为重点治理区域。

3. 三江源地区基于栅格水源涵养功能指标判别

基于 2014 年 1km 水源涵养栅格数据，计算 2005～2014 年三江源地区各栅格水源涵养功能平均值，取平均值 75% 水平作为各栅格的阈值，即低于该阈值的栅格作为重点治理区域。

4. 三江源地区基于栅格水土保持能力指标判别

基于 2014 年 1km 水土保持栅格数据，计算 2005～2014 年三江源地区各栅格水土保持功能平均值，取平均值 75% 水平作为各栅格的阈值，即低于该阈值的栅格作为重点治理区域。

5. 三江源地区基于栅格防风固沙功能指标判别

基于 2014 年 1km 水土保持栅格数据，计算 2005～2014 年三江源地区各栅格水土保持功能平均值，取平均值 75% 水平作为各栅格的阈值，即低于该阈值的栅格作为重点治理区域。

三江源地区防风固沙功能待治理的区域主要分布在玛多县、甘德县、达日县、曲麻莱县东部、称多县北部、玉树县西北及河南县。这些格网区域的 2014 年防风固沙总量低于 2005～2014 年防风固沙总量均值的 75%，亟待治理。

5.2.2 基于栅格辅助决策结果

根据 NPP、NDVI、水源涵养功能、水土保持能力和防风固沙功能 5 项指标评选出三江源地区需要进行生态重点治理的区域。

经分析可以看出三江源地区大部分区域需要进行生态重点治理，主要分布情况为需治理的区域在中部、东部多，西部较少，在今后的治理过程中，应注重生态系统的修复和保护。

第6章 总 结

根据三江源地区主体功能区规划目标及规划实施评价指标设计，主要从4个方面（即国土开发、生态结构、生态质量、生态服务功能），总计10个指标参数，重点从区域内2类主体功能区的指标现状水平、变化态势开展对比分析，进而形成综合评价结论。主要结论如下。

6.1 国土开发方面

三江源地区国土开发活动极为微弱，城乡建设用地主要集中分布于区域内各县级政府所在乡镇地区，城乡建设用地面积较大的地区有玉树县、玛多县、兴海县、同德县、玛沁县等。

三江源地区国土开发强度从2005年的0.023%增加到2015年的0.041%，与《青海省主体功能区规划》设定的2020年全省0.64%的国土开发水平相比，2015年三江源地区国土开发水平仅为全省规划值的6.4%，远低于全省规划值。三江源地区当前的国土开发活动总体上符合国家和地方主体功能区规划的规划目标与规划实施要求。重点生态功能区国土开发强度为0.062%左右，禁止开发区国土开发强度为0.023%左右，前者是后者的2.7倍。国土开发重点方向与主体功能区规划要求吻合，符合规划目标要求。

2005～2010年，禁止开发区内新增国土开发面积仅为0.7km²，而2010～2015年，禁止开发区内新增国土开发面积为8.9km²，2010～2015年是2005～2010年的12.7倍。禁止开发区内新增城乡建设用地增长速率不降反升的情况，反映这一类型区近期国土开发活动失控的可能，值得相关部门进一步探查原因。

三江源地区的国土开发聚集度极低，东部和东南部地区的国土开发聚集度明显高于北部及西部地区。2005～2015年，国土开发聚集度总体呈现上升态势，区域国土开发聚集度由 2005 年的 0.237 提高到 2015 年的 0.257。本区国土开发活动总体上是以"聚集式""蔓延式"发展，即新增城乡建设用地主要是围绕既有城乡建设用地，采取填空补缺、蔓延生长的形式扩张。

6.2 生态结构方面

2005～2015 年，三江源地区优良生态系统面积呈现增加态势，2005～2015 年本区优良生态系统面积总共增加 2408km²，增长 1.77%。禁止开发区和重点生态功能区内优良生态系统面积在 2005～2010 年、2010～2015 年均呈现增加趋势，表明三江源地区优良生态系统保护工作取得了明显成效，优良生态系统面积呈现持续增加态势。

三江源地区西部的草地面积较大，东部县、市（乡镇）草地面积较小。2005～2015 年，三江源地区草地生态系统面积呈现增加态势，2005～2015 年草地面积总共增加 14 210km²，较 2005 年增长了 5.92%，区域草地生态系统结构得到明显改善。其中，大部分（60.3%）的新增草地生态系统分布在禁止开发区，39.7% 的新增草地生态系统分布在重点生态功能区。2005～2015 年三江源地区草地变化格局符合三江源地区重点生态功能区限制城镇建设、保护草地自然资源的要求。但 2010 年以来草地生态系统改善速度明显放缓，且出现草地生态系统退化现象，这在以后的发展中需要注意。

6.3 生态质量方面

三江源地区东部 NDVI 值较高，生态系统类型主要为森林、草甸草原、典型草原等，植被生长状况较好；西北部多为低覆盖草地及未利用地，如沙地、戈壁、盐碱地、裸土地等，NDVI 值较低，植被生长状况略差。2005～2015 年，无论是禁止开发区还是重点生态功能区，植被生长均呈现轻微转劣态势，且主要发生在 2010 年以后，其原因探究需进一步分析区域降水、温度及人类活动的影响。

2005～2014 年，三江源地区草地畜牧一直处于超载状态，载畜压力指数值长期保持在 1.5 以上。其中，海西州草地载畜压力指数最小（最大值仅为

1.26），草畜基本平衡；海南州和黄南州载畜压力指数最高（均大于3），草地畜牧严重超载。

三江源地区人类扰动相对较少，人类扰动指数大部分在0.4以下；东北部有零星区域人类扰动指数较高，西北部人类扰动指数较小，大多区域在0.20以下。2005~2015年，三江源地区人类扰动指数略有轻微增加，2005~2015年增长了0.016；重点生态功能区内人类扰动指数略高于禁止开发区，并且2010~2015年两大主体功能区内人类扰动指数增加量均远低于2005~2010年，符合国家和省主体功能区规划对本地区的要求。

6.4 生态服务功能方面

生态服务功能对人类福祉和其他社会构成要素产生重要影响，三江源地区主要为草地生态系统，其牧草供给是本地畜牧业生产的物质基础，同时依托该区的植被，水源涵养功能、水土保持能力、防风固沙功能也是三江源地区的核心服务功能。

2005~2014年，三江源地区水源涵养量、土壤保持量、防风固沙量均呈现波动状的变化趋势。全区生态系统水源涵养量约为130.75亿 m^3，土壤保持量约为9.55亿t，防风固沙量约为666.7万t。从空间分布上来看，水源涵养量、防风固沙量分布为东部低、西部高，与东部水热条件相对较好有关；土壤保持量为东部和南部较高，西部和北部较低。

2005~2014年，三江源地区总体水源涵养量波动变化，略有下降；平均水源涵养总量为130.75亿 m^3；2014年相比2005年三江源地区水源涵养总量降低了12.22亿 m^3，降低了8.53%；空间格局上表现出自东南向西北逐渐递减的趋势。

2005~2014年三江源地区土壤侵蚀量呈现波动增加的趋势，从2005年的4.27亿t增长到2014年的8.05亿t。

2005~2014年三江源地区防风固沙量呈现波动状态，整体变化极为微小，从2005年的 $5.9×10^6$t增长到2014年的 $8.6×10^6$t，增加了46%。防风固沙功能量较大的区域主要集中在土壤湿度值较低、风蚀力作用较强的西部区域。

6.5　辅助决策结果

　　三江源地区需要进行生态治理和保护的地区主要集中在果洛州，在该地区出现的情况是多年 NPP 或 NDVI 呈现下降趋势，其次是水源涵养功能、水土保持能力和防风固沙功能低于多年平均值的特定水平，因此要注意生态系统的保护，提高生态服务功能；需要降低草地载畜压力的地区主要集中在玉树州，主要表现为草地现实载畜量远大于理论载畜量，草地畜牧处于超载状况，因此以后应注意控制畜牧量，注重草地恢复；需要同时注重综合治理和降畜减压的地区是玉树县、称多县、兴海县、同德县、泽库县、河南县 6 个县，在这些地区生态质量较差同时草地畜牧处于超载的状态，在治理和保护生态的同时还应减少畜牧量。

参 考 文 献

[1] 王锦慧，王碧薇，翁淮南．为了总书记的嘱托——青海省三江源地区党员群众护卫"中华水塔"纪实．党建，2017，(10)：18-21.

[2] 林玟均，刁永萍．青海三江源 探索生态文明建设全新体制．青海科技，2016，(02)：92-93.

[3] 康惠惠，潘韬，盖艾鸿，等．生态退化与恢复对三江源区土壤保持功能的影响．水土保持通报，2017，(03)：7-14.

[4] 张志彤．深入践行绿色发展理念 大力推动三江源水生态文明建设．中国水利，2017，(17)：1.

[5] 蒋冲，王德旺，罗上华，等．三江源区生态系统状况变化及其成因．环境科学研究，2017，(01)：10-19.

[6] 李广．浅谈三江源生态环境保护．现代经济信息，2017，(07)：6.

[7] 蒋冲，高艳妮，李芬，等．1956—2010年三江源区水土流失状况演变．环境科学研究，2017，(01)：20-29.

[8] 李成文．青海地区草原鼠害的防治——以"三江源地区"为例．中国畜牧兽医文摘，2017，(09)：19.

[9] 郭一楷．三江源地区生物多样性保护探析．资源节约与环保，2016，(11)：148.

[10] 马海萍，李广．浅谈三江源生态环境保护建设．国土与自然资源研究，2017，(03)：21-23.

[11] 樊杰．中国主体功能区划方案．地理学报，2015，(02)：186-201.

[12] 孙鸿烈．着眼整个流域 统筹考虑三江源区域保护与发展问题．中国水利，2017，(17)：9.

[13] 谭徐明．三江源区文化性态及其保护策略探析．中国水利，2017，(17)：25-26.

[14] 李琳，林慧龙，高雅．三江源草原生态系统生态服务价值的能值评价．草业学报，2016，(06)：34-41.

[15] 孙国恩．水土保持是加快三江源区生态建设的重要举措．中国水土保持，2010，(11)：17-18.

[16] 谭雪晶，姜广辉，付晶，等．主体功能区规划框架下国土开发强度分析——以北京市为例．中国土地科学，2011，(01)：70-77.

[17] 刘纪远，刘文超，匡文慧，等．基于主体功能区规划的中国城乡建设用地扩张时空特征遥感分析．地理学报，2016，(03)：355-369.

[18] 高祥伟，费鲜芸，张志国，等．基于卷积运算的城市公园绿地聚集度评价．生态学报，2014，（15）：4446-4453.

[19] 张雅娴，樊江文，曹巍，等．2006–2013 年三江源草地产草量的时空动态变化及其对降水的响应．草业学报，2017，（10）：10-19.

[20] 张颖，章超斌，王钊齐，等．三江源 1982–2012 年草地植被覆盖度动态及其对气候变化的响应．草业科学，2017，（10）：1977-1990.

[21] 张良侠，樊江文，邵全琴，等．生态工程前后三江源草地产草量与载畜压力的变化分析．草业学报，2014，（05）：116-123.

[22] 辛有俊，杜铁瑛，辛玉春，等．青海草地载畜量计算方法与载畜压力评价．青海草业，2011，（04）：13-22.

[23] 张颖，章超斌，王钊齐，等．气候变化与人为活动对三江源草地生产力影响的定量研究．草业学报，2017，（05）：1-14.

[24] 张翀，李强，李忠峰．三江源地区人类活动对植被覆盖的影响．中国人口·资源与环境，2014，（05）：139-144.

[25] 徐翠，张林波，杜加强，等．三江源区高寒草甸退化对土壤水源涵养功能的影响．生态学报，2013，（08）：2388-2399.

[26] 刘敏超，李迪强，温琰茂，等．三江源地区生态系统水源涵养功能分析及其价值评估．长江流域资源与环境，2006，（03）：405-408.

[27] 吴丹，邵全琴，刘纪远，等．三江源地区林草生态系统水源涵养服务评估．水土保持通报，2016，（03）：206-210.

[28] 陈春阳，戴君虎，王焕炯，等．基于土地利用数据集的三江源地区生态系统服务价值变化．地理科学进展，2012，（07）：970-977.

[29] 潘韬．过去 30 年三江源区生态系统水源涵养量的变化//中国地理学会．地理学核心问题与主线——中国地理学会 2011 年学术年会暨中国科学院新疆生态与地理研究所建所五十年庆典论文摘要集．乌鲁木齐：中国地理学会，2011：2.

[30] 张媛媛．1980–2005 年三江源区水源涵养生态系统服务功能评估分析．北京：首都师范大学硕士学位论文，2012.

[31] 林慧龙，郑舒婷，王雪璐．基于 RUSLE 模型的三江源高寒草地土壤侵蚀评价．草业学报，2017，（07）：11-22.

[32] 闻亮．基于 InVEST 模型的三江源生态系统土壤保持功能评估．北京：首都师范大学硕士学位论文，2012.

[33] Liu J, Liu M, Tian H, et al. Spatial and temporal patterns of China's cropland during 1990-

2000：an analysis based on Landsat TM data. Remote Sensing of Environment, 2005, 98（4）：442-456.

[34] Liu J, Kuang W, Zhang Z, et al. Spatiotemporal characteristics, patterns and causes of land use changes in China since the late 1980s. Acta Geographica Sinica, 2014, 69（1）：3-14.

[35] Liu J, Tian H, Liu M, et al. China's changing landscape during the 1990s：large-scale land transformations estimated with satellite data. Geophysical Research Letters, 2005, 32（2）：L02405.

[36] Williamson S, Hik D, Gamon J, et al. Estimating temperature fields from MODIS land surface temperature and air temperature observations in a sub-arctic alpine environment. Remote Sensing, 2014, 6（2）：946-963.

[37] Liu J, Zhang Z, Xu X, et al. Spatial patterns and driving forces of land use change in China during the early 21st century. Journal of Geographical Sciences, 2010, 20（4）：483-494.

[38] 钱乐祥, 王倩. RS 与 GIS 支持的城市绿被动态对城市环境可持续发展影响的探讨. 地域研究与开发, 1995,（04）：14-16, 34.

[39] 樊江文, 邵全琴, 王军邦, 等. 三江源草地载畜压力时空动态分析. 中国草地学报, 2011,（03）：64-72.

[40] 李元寿, 王根绪, 王博, 等. 长江黄河源区覆被变化下降水的产流产沙效应研究. 水科学进展, 2006, 17（5）：616-623.

[41] 党晓鹏, 东雨. 青海省三江源区沙化土地变化动态研究. 内蒙古林业调查设计, 2017,（06）：20-26.

[42] 张颖, 杨亮. 防风固沙生态功能遥感监测与评价研究. 邢台学院学报, 2017,（04）：189-192.

[43] 张春来, 邹学勇, 董光荣, 等. 植被对土壤风蚀影响的风洞实验研究. 水土保持学报, 2003,（03）：31-33.

[44] 董治宝, 高尚玉, 董光荣. 土壤风蚀预报研究述评. 中国沙漠, 1999,（04）：16-21.

[45] 张春来, 邹学勇, 董光荣. 土地沙漠化过程的土壤风蚀率指标——以青海共和盆地为例. 水土保持学报, 2003,（04）：90-93.

[46] 胡玉法, 刘纪根, 冯明汉. 长江源区水土保持生态建设现状问题及对策. 人民长江, 2017,（03）：8-12.

[47] 陆建忠, 陈晓玲, 李辉, 等. 基于 GIS/RS 和 USLE 鄱阳湖流域土壤侵蚀变化. 农业工程学报, 2011, 27（2）：337-344.

［48］盛莉，金艳，黄敬峰．中国水土保持生态服务功能价值估算及其空间分布．自然资源学报，2010，25（7）：1105-1113.

［49］刘敏超，李迪强，温琰茂，等．三江源地区土壤保持功能空间分析及其价值评价．中国环境科学，2005，25（5）：627-631.